中老年学电脑 操作与上网

前沿文化 编著

科学出版社

北京

内 容 简 介

　　本书通过天马行空的想象，使用轻松活泼、幽默风趣的语言，从零开始，全面系统地讲解了中老年人学电脑的相关知识。本书打破传统枯燥的教条式写法，采用风趣幽默的情景对话方式，真正达到"寓教于乐"的学习效果！

　　全书共 11 章，具体内容包括：中老年人学电脑的入门知识；Windows XP 系统的使用与管理；拼音输入法、五笔输入法的使用；中老年人网上冲浪的方法；网上资料的查找与下载；电子邮件与 QQ 的使用；中老年人网上娱乐、休闲与生活应用；Word 文字处理软件的基本使用；电脑的日常维护与安全防范措施等内容。

　　本书内容在安排上注重中老年人工作、生活中的使用需求，突出"轻松快乐、易学易用"的特点。本书非常适合初学电脑的中老年人学习使用，也适合有一定使用基础，但缺乏应用经验与技巧的读者，还可作为中老年人电脑培训班的教学用书。

图书在版编目（CIP）数据

中老年学电脑操作与上网 / 前沿文化编著. —北京：
科学出版社，2013.10
　　（开心学电脑）
　　ISBN 978 7 03 038594 9

　　Ⅰ. ①中… Ⅱ. ①前… Ⅲ. ①电子计算机－基本知识
Ⅳ. ①TP3

　　中国版本图书馆 CIP 数据核字(2013)第 214299 号

责任编辑：何立兵　胡子平　冉　丹 / 责任校对：杨慧芳
责任印刷：华　程　　　　　　　　 / 封面设计：肖　伟

科 学 出 版 社 出版

北京东黄城根北街 16 号
邮政编码：100717
http://www.sciencep.com

北京天颖印刷有限公司印刷
中国科技出版传媒股份有限公司新世纪书局发行　　各地新华书店经销

*

2014 年 5 月 第 一 版　　开本：889×1194　1/32
2014 年 5 月第一次印刷　　印张：9 1/4
字数：450 000

定价：39.00 元（含 1CD 价格）

（如有印装质量问题，我社负责调换）

史上第一套学电脑的开心读物，真正寓教于乐！电脑技能，原来还可以这样学！

谨以此书，献给热爱电脑的初学者，以及那些多次尝试学电脑，仍然没有学会而患有"电脑恐惧症"的读者。

祝 学习开心！

故事梗概

话说唐僧师徒自从西天取经回来后，人气水涨船高，大家都觉得他们是见过世面的人。唐长老经过佛祖点化，脑筋也开了窍，主动结交天庭各路神仙，三天一小聚，五天一大宴。加上八戒与沙僧以前在天庭的人脉，一来二去，也建起了一张很大的关系网。

此时，玉皇大帝决定依照西天的经验，要在天庭搞信息数字化，可是天庭众神仙一个个都是电脑盲，连电脑基本操作都不会，更不用说电脑办公了。对此玉帝是头疼不已。唐僧从众神仙嘴里打听到这个信息后，心中立马有了主意，赶紧找佛祖开了介绍信，向玉帝申请了创办电脑培训学校的项目，玉帝大喜，马上拨款帮唐僧建校舍，并让天庭重臣作为首批学员，去电脑学校学习。

唐僧的三位徒弟，虽说也有俸禄，奈何买房的买房，养家的养家，那点钱远远不够开销，于是，三位徒弟便自告奋勇，在电脑学校做起了专职讲师。于是，唐僧电脑培训学校也就隆重开业啦！

出场人物

我要在天庭普及电脑知识！

唐僧

电脑培训学校校长：字玄奘，唐御弟，号三藏法师，受封旃檀功德佛，天庭的高级干部，典型的高富帅，有为青年。他依靠紧箍咒和工资单，在群众中树立了极高的威信，经常根据个人喜好对以八戒为代表的后进分子进行再教育。

花果山要拆迁，赶紧挣钱买套房！

孙悟空

电脑培训学校讲师：名孙行者，号齐天大圣，受封斗战胜佛。电脑技术高超，经常帮助唐帅哥对八戒进行再教育，有时也有偿帮助八戒解决一些难题。

好想睡觉！

电脑培训学校讲师：原名猪刚烈，法名猪悟能，前任天蓬元帅，受封净坛使者，西天巡查员，可以公然吃拿卡要。过惯了舒服日子的八戒对于教学具有本能的抵触情绪，经常为了偷懒耍些小聪明，受到除学员外的大家的一致鄙视（是的，学员中除了托塔天王，其他两位老神仙都很喜欢他……）。

猪八戒

低调，再低调……

沙僧

电脑培训学校讲师：名沙和尚，法名沙悟净，受封金身罗汉。他的电脑知识是个谜，好像什么都会点，为人低调、谨慎，深得唐僧器重，看似默默无闻，实为长老心腹。

自从用电脑炼丹，终于有时间下棋了！

电脑培训学校学员：鸿钧老祖座下大弟子，长期在天庭兼职做顾问，同时为天庭炼制金丹，是天庭有数的大财主，也是玉皇大帝的重要幕僚。

太上老君

BOSS让我来，
我也没办法！

太白金星

电脑培训学校学员：天庭秘书长，玉皇大帝的首席秘书，是整个天庭最操心的人，性格外向，活泼好动，被众仙私下称为老顽童。

学不会就动手
拆了这学校！

电脑培训学校学员：天庭总司令官，玉皇大帝御用打手，天庭中大多数神仙都害怕他，手中总是托着一座塔，据说是健身用的……

托塔天王

剧透抢先看

01 唐僧师徒神通广 电脑培训喜开张

西天镀金回来的唐长老不甘寂寞，决定趁着人气高涨时，折腾点成绩出来。于是，天庭电脑培训学校就在众人期待的目光中隆重开业了。

02 操作系统必修课 老君学到肚子饿

当其他学员都学会Windows操作时，老眼昏花的太上老君终于快要崩溃了，不得已只好求助老师开小灶。

03 老君字音拿不准 拼音五笔轮上阵

以前都是秘书代笔，天庭改革后，这些大佬也不得不学习打字了。当然，对于zhi、chi、shi分不清楚的老君来说，打字不仅是个力气活……

04 自带工具有大用 八戒授课增倍功

表面憨憨笨笨的八戒其实很聪明，因为聪明人都喜欢偷懒，为了偷懒就会想出许多好点子。这不，神仙们对他的教学方法很买账。

05 神仙也有小烦恼 系统管理就几招

作为玉帝的首席秘书，太白金星急于掌握系统管理的心情可以理解，但往往欲速则不达。

06 手上学习资料少 唐僧秘传上网找

电脑使用知识也就那么多，接下来讲什么？唐僧心里犯难了，手上的学习资料实在太少，上网查找吧。咦，对了，接下来就讲网络的基本应用。

07 搜索资源乐开怀 众位神仙忙下载

网上信息那么多，学会使用搜索引擎很重要。谁再拿百度和Google开玩笑，小心唐僧师父翻脸很无情。

08 伊妹传书省时效 众仙互留QQ号

面临国庆要放假，唐僧勤把邮件和QQ传大家。众仙初使用，闹出无数个笑话，逗得悟空和八戒天天乐哈哈。

09 网络生活真丰富 娱乐游戏两不误

大假归来不收心，唐僧借此讲娱乐和游戏。网络生活丰富多彩，听音乐、看电影、收广播、玩游戏、写博客，众仙流连忘返。

10 Word使用真方便 大圣教授编文件

玉帝要抽检大家的学习情况，为了挣表现，唐僧命悟空教大家Word的用法，方便他们总结学习使用电脑以来的心得体会。

11 电脑维护重中重 悟净示范堵漏洞

磨刀不误砍柴工，电脑再好也是工具，也需要维护和安全防护，只有重视它，爱护它，才会用得更久。

目 录

02 操作系统必修课
老君学到肚子饿

03 老君字音拿不准
拼音五笔轮上阵

04 自带工具有大用
八戒授课增倍功

伊妹传书省时效
众仙互留QQ号

Word使用真方便
大圣教授编文件

电脑维护重中重
悟净示范堵漏洞

01 唐僧师徒神通广 电脑培训喜开张

　　话说天庭要推广电脑信息化，玉帝要求太上老君、太白金星、托塔天王等一干老同志要起到带头作用，人脉很广的唐僧听说此事后，就打算办一所电脑培训学校。

 "徒儿们，这几年物价涨得厉害，咱们这点工资眼看不能养家糊口了，不如我们下海做生意吧！"

"师父可有好项目？"

 "听说天庭要推广信息化，我想大家合力办所电脑培训学校。"

"呃，不知道能不能赚钱……我老猪可是拖家带口的人呐。"

 "放心吧，为师有路子，玉帝答应只要办起来，我们就是官方指定培训学校！"

"好，我们就一起做大它，到时我们就是商界Big 4咯！"

　　如今，电脑已经深入到我们生活的方方面面，对于有大量闲暇时间的中老年朋友，学习电脑是非常有必要的。本章主要为初学电脑的中老年朋友介绍电脑的基础知识，如电脑的组成、启动和关闭电脑、鼠标的操作等相关知识。

1.1 唐僧鼓励众仙学电脑

在悟空等三人的倾力支持下，唐僧的电脑培训学校正式开张。同时，也迎来了第一批学员：太上老君、太白金星与托塔天王等。

"老骥伏枥，志在千里，众位神仙德高望众，本校一定竭尽所能教会大家电脑技术。"

"本校是一对一教学，包教包会哦……"

"我们引进了西天最先进的教学方法，师资力量很强大，易学易懂，最适合中老年神仙们……"

"师父，别说了，众位神仙都睡着了……"

"别睡了，醒醒，醒醒，先把学费交了啊……"

1.1.1 什么是电脑

就这样，神仙们迷迷糊糊交了钱，又迷迷糊糊开始了学电脑的第一课。中老年朋友们，总是听到电脑这个词，那么电脑到底是什么呢？

1. 电脑的概念

"电脑"其实只是一种俗称，它的学名应该是"电子计算机"，顾名思义，它是一种能够按照程序运行，自动、高速处理大量数据的现代化智能电子设备。由于其在实际应用中减轻并部分代替了人的脑力劳动，人们经常拿它与人脑相媲美，所以才亲切地称它为电脑。

听起来好像很复杂，其实不必担心，电脑使用起来很简单。一台完整的电脑是由多个部件组合而成的，主要分为硬件和软件两个部分，没有安装任何软件的计算机称为裸机。需要注意的是，裸机是无法正常工作的，只有安装了必需的软件，电脑才可以完成实际工作。

2. 电脑的分类

并不是所有的电脑都是一个模样，根据用途不同，电脑分为不同的种类。对于与我们最为密切的个人电脑，根据外观结构，可以分为台式电脑、笔记本电脑和一体机等三大类。

台式电脑

台式电脑（又称台式机）在办公环境或者家庭等固定场所使用居多，台式机由于具有散热性好、经济实惠、性价比高、扩展性强和保护性好等优点，因而被人们广泛使用。台式电脑从外观上主要由主机、显示器、鼠标和键盘几部分组成，如下图所示。

❶ 主机：是电脑最重要的组成部分，CPU、主板、显卡、硬盘、光驱等设备都安装在主机机箱中

❷ 显示器：用于显示电脑输出的结果，该设备与主机上的显示输出接口连接

❸ 键盘：重要的输入设备，主要用于向电脑中输入字符，也可以对电脑进行控制

❹ 鼠标：重要的输入设备，在图形化操作系统中，鼠标用于完成大部分电脑操作

笔记本电脑

笔记本电脑是当前用户选择使用最广泛的一类电脑，它是集电脑主机、显示器、键盘、鼠标等设备于一体的便携式电脑。它体形小巧，方便携带，对于经常出差开会的天庭秘书长太白金星来说，再合适不过了。右图所示为笔记本电脑。

一体机

一体机是一种新兴的电脑，它是将台式机箱中的所有硬件都整合到显示器中。这样就免去了摆放电脑时，机箱会占据很大空间的麻烦。由于它的芯片、主板和显示器都集成在一起，显示器即是一台电脑，所以只要将鼠标和键盘连接到显示器就可以正常使用了。右图所示为一体机。

1.1.2 电脑能为中老年人做什么

中老年人学会电脑，不仅是掌握了一门技术，而且还开阔眼界、丰富晚年生活。一般来说，电脑能帮助中老年人实现以下几点需求。

1. 跟随时代，做时尚老人

如今，科学技术日益发达，中老年朋友学电脑已是时代的需要。现今无论是工作，还是生活，都离不开电脑，科学合理地使用电脑可让生活、工作更有趣，更快捷。利用电脑可以学习很多新鲜的、有趣的事，比如，通过视频教程可以免费学习健身舞蹈、健身运动，还可以学习当下的服装搭配，等等，让自己与时代接轨，做时尚老人。右图所示为网上视频教程。

2. 轻松工作，日常管理

在职的中老年朋友，如果不会使用电脑，在工作中会带来很多麻烦，工作效率也会大大降低，甚至有时还会被淘汰。学习电脑的基本操作以及相应的办公软件，对中老年朋友非常有用。使用电脑软件能把很多工作简单化，达到事半功倍的效果；在家还可以用电脑快捷地计算生活开支，简单明了地掌握家庭开支状况，做到轻松管账。右图所示为用Word软件制作的工作报告。

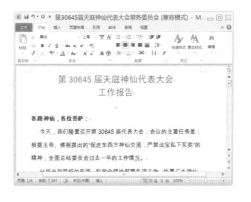

3. 广交好友，休闲娱乐

中老年朋友赋闲在家，可能和以前的朋友同事见面少了，交际范围也变窄了。没关系，现在上网就能和友人聊天、打牌、下棋，还能语音视频。网络是个很宽广的娱乐平台，不仅可以结识五湖四海的新朋友，还能上网看电影，听广播，购物，炒股，等等。右图所示为在网上下五子棋。

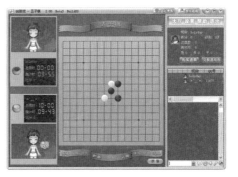

4. 了解时事，获取信息

互联网有着丰富的信息资源，无论是生活、财经、时事，还是娱乐。通过网络可以快速地了解当下的时事。网络还能开阔我们的视野，了解各个地方的奇闻轶事。右图所示为网上新闻。

1.1.3 中老年人如何健康地使用电脑

对于刚刚接触电脑的中老年朋友，可能很快就会对电脑产生浓厚的兴趣，但是如果不顾自己的身体健康，而长时间使用电脑，也是得不偿失的。下面介绍学习和使用电脑时的一些注意事项。

- 安放电脑最理想的位置，是把荧光屏的中心置于水平视线下方约20°的地方，离眼睛距离以35~45cm为宜，不能太近。为了避免荧光屏反光和不清晰，电脑不应放置在窗户的对面或背面，尽可能避免或减少荧光屏上炫目的光线。

- 不要在黑暗中操作电脑，因为黑白反差对眼睛有损害。坐的位置应尽可能舒服，可能的话，应尽量使用可以调整的靠背椅。

- 养成良好的操作习惯，键盘与显示器的位置，都要与坐的位置协调，操作时的姿势要坐正，背要直，不要弯腰操作。

- 使用电脑时如何保护眼睛呢？特别要注意定时休息，这是预防眼睛疲劳的最有效方法。最好每隔1小时左右站起来走一走，到窗口远望一会，让眼睛放松一下；还可以滴一些使眼部保持润滑的眼药水。

- 要适当运动和休息，每隔2小时站起来舒松筋骨，缓解紧张的大脑神经和肌肉组织。在操作电脑时，脸上会吸附不少电磁辐射的颗粒，要及时用清水洗脸，这样可以减轻电脑对身体的辐射。

1.2 大圣详解电脑软硬件

话说这天轮到大圣教软硬件知识，可是众位神仙理解力不够好，怎么讲都不明白，无奈之下，悟空只好找唐僧指点迷津。

1.2.1 认识电脑的硬件

硬件是电脑运行的基础，与电脑相关的硬件有很多种类，对于中老年朋友，只需了解电脑必备的硬件，如主机、显示器及键盘与鼠标就可以了。

1. 主机

无论是台式电脑还是笔记本电脑，都有主机。从电脑组成结构上看，主机是电脑组成的重要部分。电脑中所有文件资料、信息都由主机来分配管理。电脑中所需完成的各种工作都由主机控制和处理。

主机的外观样式多种多样，常用的电脑主机外观如右图所示。主机机箱的正面有电源开关、复位按钮、指示灯等。不同的机箱正面的按钮、指示灯的形状与位置也不相同。

❶ 电源开关：通常都有 ⏻ 或Power标记，而且通常比其他按钮大
❷ 复位按钮：通常位于电源开关的附近，按下该按钮，可以重新启动计算机
❸ USB接口：现在的机箱通常在机箱正面或侧面设计有USB接口，方便用户使用U盘、移动硬盘、MP4、手机等移动设备
❹ 音频插孔：在机箱正背两面都有这两个音频插孔，方便用户使用音箱、麦克风等设备
❺ 指示灯：在电脑开机后通常显示为绿色或蓝色，表示电脑主机是否通电

2. 显示器

　　显示器是用于将电脑中输入的内容、系统提示、程序运行状态和结果等信息显示给人们看的输出设备。现在市面上常见的显示器有两种，一种是体积较小的液晶显示器，另一种是外形庞大的CRT显示器，如下图所示。

👑 友情提示

　　目前液晶显示器已经成为市场主流产品，CRT显示器使用越来越少，逐渐淘汰出市场。

3. 键盘和鼠标

键盘和鼠标是电脑最常用的重要输入设备，是人机"对话"的重要工具，用户通过按键盘上的键输入命令和数据，或者用鼠标选择指令来"告诉"电脑要进行什么操作。

- 键盘：键盘的种类比较多，外观形状也不尽相同，但都是由一系列按键组成。各个数据都可以通过键盘输入到电脑中，如输入文字、数字信息等。
- 鼠标：是电脑应用中一种常用的输入设备，在使用电脑的过程中，通过鼠标可以方便、快速、准确地进行操作。

鼠标和键盘的外观效果如下图所示。

4. 可能用到的外部设备

除了电脑的主要组成部分外，中老年朋友经常用到的还有摄像头与手写板。

- 摄像头又称为"电脑相机"，是一种视频输入设备，如下图所示，被广泛运用于视频会议、远程医疗及实时监控等方面。用户在电脑上配置一个摄像头，还可以与亲朋好友进行视频聊天，不用说，这也是八戒的必选件。除了普通摄像头外，还有高清摄像头和具有夜视功能的摄像头。

- 手写板是一种通过硬件直接向电脑输入汉字，并通过汉字识别软件将其转换为文本文件的电脑外部设备。手写板不但可以输入文字信息，还可以用于精确制图，如制作电路图、CAD设计图、图形图像设计图与绘制插画等。右图所示为手写板。

1.2.2 认识电脑的软件

一台电脑如果只有硬件设备是无法发挥它的功能和作用的。只有在电脑中安装必备的软件才能发挥它的功能。电脑软件是可以运行在电脑硬件基础上的各种程序的总称，主要作用是发挥和扩大电脑的功能，相当于人的思想和灵魂。

电脑软件一般分为系统软件和应用软件，下面将作相应的介绍。

- 系统软件：是指管理、控制和协调计算机及外部设备，支持应用软件开发和运行的系统，主要功能是调度、监控和维护计算机系统；负责管理计算机系统中各种独立的硬件，使得它们可以协调工作。目前，常用的计算机系统是微软公司开发的Windows系统，常用的版本有Windows XP、Windows Vista和Windows 7。右图所示为Windows XP系统软件。

- 应用软件：是专门为用户解决各种实际问题而编制的软件。用户可以根据自己的需要，在电脑中安装相应的软件，如Office办公软件，Photoshop图形图像处理软件，聊天软件QQ、MSN、UC等。如果要使电脑保持健康状态，还需要安装防护软件，如金山毒霸、QQ电脑管家等。右图所示为QQ电脑管家。

1.3 八戒演示开关机

孙大圣好不容易上完一节课，讲得口干舌燥，浑身是汗，赶紧回休息室休息，正好看到八戒在玩游戏。

"唉，累死我了，八戒，快给我倒杯水喝。"

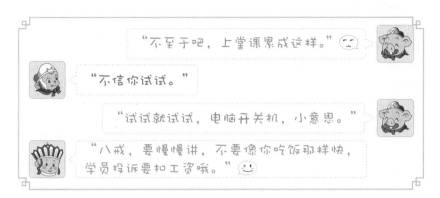

"不至于吧，上堂课累成这样。"

"不信你试试。"

"试试就试试，电脑开关机，小意思。"

"八戒，要慢慢讲，不要像你吃饭那样快，学员投诉要扣工资哦。"

1.3.1 学习电脑第一关：启动电脑

说到电脑开关机，大家都觉得这很简单，但是还是有些中老年朋友不是很清楚开关机的顺序，有的甚至直接去拔电源插头，这样极易损坏电脑硬件和软件。作为比较精密的智能系统，电脑本身有自己的一套开关机流程，启动与退出操作系统是每个初学者在使用电脑时必须学会的操作。下面介绍正确启动与登录操作系统的方法。

电脑开机就是接通电脑的电源，将电脑启动并登录到Windows桌面。电脑开机与家电的打开方法是不一样的，用户需要严格地按照正确的顺序来进行操作。八戒心想，自己嘴笨，不一定能说清楚，干脆直接演示好了。

Step 01

将电脑主机的电源插头和显示器电源插头插入电源插座，打开电源插座开关。

Step 02

❶ 按下显示器电源按钮；❷ 按下主机电源按钮。

Step 03

稍等片刻，系统即可自动进入Windows桌面。对于设置了登录密码的用户，需要输入正确的登录密码后才能进入Windows桌面。

友情提示

开机应遵循先开外部设备，再开显示器和主机的原则。关机则应先关主机和显示器，再关外部设备。

1.3.2 关闭电脑有讲究

众神仙看了八戒的演示，都掌握了启动电脑的方法，太白金星擅长举一反三，他想关机也是按主机电源按钮吧。没错，按下主机上的电源按钮是可以关闭电脑的，但我们通常是通过操作系统来关闭电脑的，这样可以延长主机电源按钮的使用寿命，同时在关机选项上，操作也更加灵活。下面看看八戒是怎么关机的。

光盘同步文件
同步视频文件：光盘\视频教学\第1章\1-3-2.mp4

Step 01

在电脑桌面上，❶单击"开始"按钮；❷在弹出的"开始"菜单中单击"关闭计算机"按钮。

Step 02

此时屏幕将显示"关闭计算机"对话框，单击"关闭"按钮即可关闭电脑。

Step 03

电脑关闭后，显示器的电源指示灯会由绿色或蓝色变为黄色，此时应按下显示器的电源按钮，并切断电源。

1.3.3 重新启动电脑

当安装了新软件或者完成更新以后需要重新启动系统，某些操作才能生效。如果遇到死机或者其他故障，也需要重新启动电脑。其具体操作方法如下。

光盘同步文件
同步视频文件：光盘\视频教学\第1章\1-3-3.mp4

Step 01

单击"开始"按钮；在弹出的"开始"菜单中单击"关闭计算机"按钮。

Step 02

此时屏幕将显示"关闭计算机"对话框，单击"重新启动"按钮即可重启电脑。

1.4 八戒教鼠标用法遭投诉

八戒遭到开课以来第一次投诉，唐僧决定要严肃处理，就把八戒喊过来细问原因。

 "八戒，你的教学效果不错嘛。"

"谢师父夸奖，这月的奖金是不是多加几两。"

 "嗯，本来是要考虑的，可惜你被投诉了。"

"啊，不会吧，投诉什么？"

 "托塔天王说你教别人握鼠标都教的右手，偏偏教他时就用左手，这是赤裸裸的歧视！"

"可他是左撇子嘛……"

1.4.1 认识鼠标按键的组成

鼠标是电脑的常用操作设备之一，按其构造原理，一般可分为机械鼠标和光电鼠标。目前光电鼠标使用最为广泛，机械鼠标已逐步被淘汰了。电脑中很多操作都离不开鼠标。初学者只有学会正确地操作鼠标，才能熟练地掌握电脑的其他操作技能。

首先，认识鼠标的按键组成。鼠标一般由左键、右键和滚轮组成，如右图所示。

❶左键：用于选择对象或打开程序

❷右键：用于打开对象的快捷操作菜单

❸滚轮：用于放大、缩小对象，或者快速浏览文档内容等

友情提示

有些鼠标还具有额外的按键，可以完成一些特殊操作，通过安装专用的鼠标驱动，用户可以定义这些按键的功能。

1.4.2 手握鼠标的正确方法

绝大多数人都习惯用右手来操作鼠标。手握鼠标的正确方法是：食指和中指自然放于鼠标的左键和右键，拇指放于鼠标左侧，无名指和小指放于鼠标右侧，拇指与无名指及小指轻轻握住鼠标，手掌心轻轻贴于鼠标后部，手腕自然垂放在桌面上，如右图所示。

友情提示

在操作鼠标时，要做到手指责任分工明确，养成良好的操作习惯。操作时要有耐心，不要随意拉扯或摔打鼠标哦。

1.4.3 什么是鼠标指针

当我们启动电脑进入Windows桌面以后，当移动鼠标时，在屏幕上会有一个跟随鼠标移动的箭头，这个对象叫作鼠标指针。

在使用电脑的过程中，鼠标指针在不同的位置或系统处于不同的运行状态时，会呈现出不同的形状，那么其表达的含义及作用也就不一样了。只有正确认识了不同指针外观样式的作用与含义，才能正确有效地操作电脑。几种常见的鼠标指针形状及其代表的含义如下页表所示。

指针形状	表示的操作意义
▷	此样式是鼠标指针的标准样式，表示等待执行操作
▷⧖	此样式表示系统正在执行操作，要求用户等待
⧖	此样式表示系统正处于"忙碌"状态，此时最好不要再执行其他操作，等待完成后再进行操作
⊘	此样式表示当前操作不可用，或操作无效
I	此样式表示在文字录入或编辑时，可以对文字进行选择，或者单击鼠标进行光标定位
↕ ↔ ⤢ ⤡	常常出现在窗口或选中对象的边框上，此时拖动鼠标可以改变窗口的大小，或者改变选中对象的大小
🖑	此样式表示超级链接，此时单击鼠标将打开链接的目标，一般在上网时见得较多
✛	此样式表示可以移动窗口，或者移动选中的对象
▷?	此样式表示帮助，此时单击某个对象可以得到与之相关的帮助信息

1.4.4 中老年人如何正确操作鼠标

在使用电脑的过程中，无论是选择对象，还是执行命令等操作基本上都是通过鼠标来快速完成操作的。鼠标常见的操作可以分为指向、单击、双击、右击、拖动与滚动6种操作方式。具体介绍如下。

1. 指向

一般情况下用右手握住鼠标来回移动时，鼠标指针也会在屏幕上同步移动。将鼠标指针移动到所需的位置就称为"指向"。

2. 单击

单击是指将鼠标指针指向目标对象后，用食指按下鼠标左键，并快速松开左键的操作过程。单击操作常用于选择对象、打开菜单或执行命令。

3. 双击

将鼠标指针指向目标对象后，用食指快速、连续按下鼠标左键两次，就是"双击"操作。双击操作常用于启动某个程序、执行任务、打开某个窗口或文件夹。

4. 拖动

拖动是将鼠标指针指向目标对象，按住鼠标左键不放，然后移动鼠标指针到指定的位置后，再松开鼠标左键的操作。拖动操作常用于移动对象。例如，在桌面上拖动"我的电脑"图标。

方法

将指针指向桌面上的"我的电脑"图标，然后按住左键不放进行移动，拖动到目标位置后，再释放鼠标左键即可。

5. 右击

右击是指将鼠标指针指向对象后，按下右键并快速松开按键的操作过程。右击操作常用于打开目标对象的快捷操作菜单。

6. 滚动

滚动是指用食指前后滚动鼠标中间的滚轮。滚动操作常用于放大、缩小对象，或者长文档的上下滑动显示等。

秘技偷偷报——熟悉电脑的基本操作

　"悟空，今天教学的成果怎么样？"

　"大家普遍都比较满意呢。"

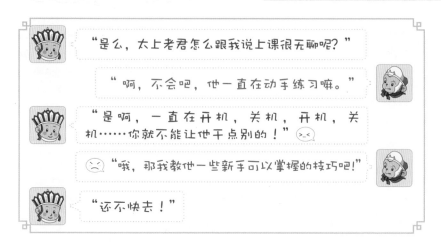

光盘同步文件
同步视频文件：光盘\视频教学\第1章\秘技偷偷报.mp4

认识电脑的硬盘

硬盘是电脑的存储设备，电脑中大多数数据都是保存在硬盘中的。如果硬盘只有一个存储区域，既要存放系统文件，又要存放应用软件，还要存放个人数据文件，显然，这是非常不合理的。混乱的存放方式会大大影响电脑的运行效率，对于用户来说，也是极其不方便的。

所以，我们需要给硬盘分区，比如，一个区域用来存放系统文件，一个区域用来存放应用程序，另一个区域存放个人数据，这样看上去是不是就一目了然了，用户也不用担心找不到需要的文件与文件夹了。

为了区别不同的分区，通常用字母来表示这些区域，如C盘、D盘、E盘等，如右图所示。

02 访问我的文档

在Windows操作系统中，已经自动为用户建立了用于存放文件的文件夹，这就是——我的文档（关于文件与文件夹的概念将在后面作详细介绍）。

我们创建的文件一般都会默认存放在这里，那么怎么访问它呢？方法很简单。

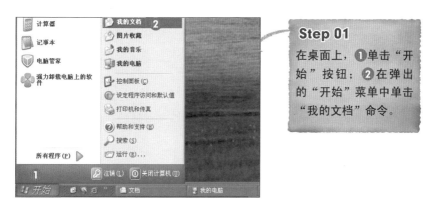

Step 01

在桌面上，❶单击"开始"按钮；❷在弹出的"开始"菜单中单击"我的文档"命令。

Step 02

打开"我的文档"窗口，里面是我们保存的文件和文件夹。

03 双击操作的要领

在日常操作中，要访问桌面上的"我的电脑"或打开其他对象时，往往习惯直接双击"我的电脑"图标来打开。对于中老年人来说，刚开始操作鼠标时，很难一下就完成双击操作，不是两次击键的时间间隔太久，就是在双击时移动了鼠标位置。

要顺利完成双击操作，首先不要着急，鼠标指针一定要移动到位，指在图标或文件上；其次在双击时，速度一定要快，时间不可间隔太久，否则就变成了单击操作；最后，在击键过程中，一定要稳住手掌，避免在击键时移动鼠标。其实，鼠标操作非常简单，只要多加练习就可以轻松掌握它的使用方法。

04 注销与切换用户

注销功能的作用是结束当前用户的所有进程，并退出当前账户的桌面环境。此时将返回到系统登录界面，用户可单击相应的用户图标再次进入系统。注销系统的具体操作方法如下。

Step 01

在桌面上，❶单击"开始"按钮；❷在弹出的"开始"菜单中单击"注销"按钮。

Step 02

此时屏幕将显示"注销Windows"对话框，单击"注销"按钮即可注销当前账户。

教您一招——切换用户

切换用户的方法与注销用户类似，在"注销Windows"对话框中，单击"切换用户"按钮，即可返回到Windows的登录界面，此时，用户可单击相应的用户名登录到其他账户。

主机对于中老年朋友来说，还是比较神秘的，下面我们就来介绍一下主机里的硬件。

电脑主机箱中安装了所有电脑所必备的核心硬件，有主板、CPU、内存条、硬盘、光驱和电源等。

- 主板：机箱中最大的一块电路板，用于其他设备的安装与固定。主板是各个硬件之间的沟通桥梁，如右图所示。

- CPU：也称中央处理器，它是电脑的"大脑"。CPU主要用于数据运算和命令控制。随着CPU的不断更新，电脑的性能也不断提高。

- 内存条：用来临时存放当前电脑运行的程序和数据，是电脑的记忆中心。一般而言，内存越大，电脑的运行速度也会越快。

- 硬盘：用于长期存放有效数据内容。它的容量越大，能存放的数据就越多。硬盘具有存储容量大、不易损坏、安全性高等特点，如右图所示。

- 光盘与光驱：光盘也是一种数据存储设备，光盘具有容量大、寿命长、成本低的特点。目前，用光盘存储数据越来越广泛。光驱，主要用于读取光盘中的数据或者将数据刻录到光盘中。

- 电源：电脑中的电源设备主要将外部的220V电压转换为±5V～±12V，

然后再将转换后的电压提供给主板、CPU、硬盘等设备使用。

- 显卡：是插接到主板上，为显示器提供显示信号的设备。显卡的用途就是把电脑中的信息传送给显示器，并在显示器中显示出来，如右图所示。

读书笔记

操作系统必修课
老君学到肚子饿

早上七点整，空气清新，鸟语花香，悟空刚起床正坐着发呆……

"悟空，你起床花了11分钟，已经击败了全校百分之十四的师生，这次就不扣工钱了。" 😊

"八戒起来了么。"

"八戒起床失败，正在重启。" 😄

"那怎么只有百分之十四啊。"

"那帮老神仙五点半就起来了，等着你们教Windows呢，还不快去！"

"唉(>_<)，看来早餐又省了……"

　　学习电脑，首先应掌握操作系统的使用，Windows XP操作系统简洁实用，占用资源低，运行速度快，非常适合中老年朋友入门学习使用。本章将介绍Windows XP的基本操作知识。

2.1 老君看到桌面就发悟

　　唐僧觉得虽然学校的收入很重要，对教学质量也不能马虎，所以他会定期了解学员们的学习情况，有时还会亲自上课。这不，他又在听取悟净的报告了。

 "悟净，学员的学习情况怎么样？"

 "李天王还不错，经常带兵打仗，动手能力比较强，太白秘书长也还凑合。"

 "太上老君呢？"

 "不太好，经常看着桌面发呆。"

 "你要好好研究教学方法嘛，八戒亲身示范效果就不错嘛！"

 "要不，我给他们跳段草裙舞？" ☺

 "……我刚吃完早餐，你不要这样刺激我的胃嘛。"

2.1.1 什么是桌面

　　在开机进入系统后，首先看到的就是桌面，它由桌面背景、桌面图标、任务栏几部分组成。

❶ **桌面背景**：桌面的背景图像，Windows XP提供了很多背景图片，用户可以根据自己的喜好随意更换，并且还可以将电脑中保存的图片或者个人照片设置为桌面背景

❷ **桌面图标**：用于打开对应的窗口或运行相应的程序。首次登录到Windows XP后，桌面上会显示一些系统图标，用户还可以自定义显示其他图标

❸ **任务栏**：位于屏幕的最下方，分为多个区域，通过这些区域完成不同的操作与桌面背景不同的是，桌面背景可以被打开的窗口覆盖，而任务栏几乎始终可见

其中，任务栏主要由"开始"按钮、快速启动栏、任务控制区、语言栏及通知区域组成，如下图所示。

❶ **"开始"按钮**：用于打开"开始"菜单。"开始"菜单是计算机程序、文件夹和设置的主门户

❷ **快速启动栏**：用于快速启动一些应用程序，用户只需单击该栏中相应的图标按钮即可

❸ **任务控制区**：任务栏的主要组成部分，位于屏幕底部。在任务控制区会显示已打开的程序和文件或者窗口，并可以在它们之间进行快速切换

❹ **语言栏**：文本输入的快捷栏，它提供了从桌面快速更改输入语言或键盘布局的方法。可以将语言栏移动到屏幕的任何位置，也可以将其最小化到任务栏或隐藏

❺ **通知区域**：包含了一些程序图标和系统提示，这些程序图标提供有关传入的电子邮件、更新、网络连接等事项的状态和通知

2.1.2 管理桌面图标

桌面图标也是一种打开窗口或调用程序的快捷方式，用户只需双击桌面上的图标就可打开相应的程序或窗口。Windows XP默认显示了一些

系统图标，通过这些图标，用户可以快速打开"我的电脑"、"我的文档"、"回收站"等窗口，还可以打开系统内置的Internet Explorer浏览器程序。

光盘同步文件
同步视频文件：光盘\视频教学\第2章\2-1-2.mp4

1. 显示或隐藏系统图标

中老年朋友们可以根据需要，将桌面上的系统图标显示或隐藏，具体操作如下。

Step 01

❶在桌面空白处单击鼠标右键；❷在弹出的快捷菜单中单击"属性"命令。

Step 02

打开"显示 属性"对话框，❶单击"桌面"选项卡；❷单击"自定义桌面"按钮。

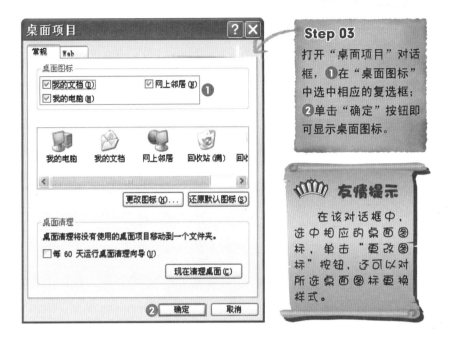

Step 03

打开"桌面项目"对话框，❶在"桌面图标"中选中相应的复选框；❷单击"确定"按钮即可显示桌面图标。

友情提示

在该对话框中，选中相应的桌面图标，单击"更改图标"按钮，还可以对所选桌面图标更换样式。

教您一招——隐藏系统图标的方法

若想将桌面上的系统图标隐藏，在"桌面项目"对话框中取消相应复选框的选择。

2. 添加快捷图标

除了系统图标外，悟净的桌面上还放置了许多花花绿绿的图标，这引起了太上老君的注意。原来，除了可以在桌面显示系统图标，还可以放置应用程序或文件的快捷方式图标。其具体添加方法如下。

Step 01

打开需要添加快捷方式的文件所在文件夹，如打开"我的文档"文件夹。

3. 排列桌面图标

许多用户喜欢将创建的文件或快捷图标放在桌面上，久而久之桌面就会显得非常杂乱，操作效率低下。此时，我们可以对图标进行排列，使其按照一定的规律进行排列，这样就容易查找和使用了，具体操作方法如下。

方法

❶在桌面空白处单击鼠标右键；❷在弹出的快捷菜单中指向"排列图标"命令，在下一级菜单中选择一种方式即可。

友情提示

如果中老年朋友们觉得麻烦，可以单击"自动排列"图标，让系统自动排列桌面上的图标。

2.1.3 设置桌面背景

太上老君说天天在天上看蓝天白云，桌面又是蓝天白云，能不能换一换呢。当然没问题，用户可随时根据自己的心情更换桌面背景。其方法如下。

光盘同步文件
同步视频文件：光盘\视频教学\第2章\2-1-3.mp4

Step 01

在桌面空白处单击鼠标右键；在弹出的快捷菜单中单击"属性"命令。

Step 02

打开"显示 属性"对话框，❶单击"桌面"标签；❷在"背景"列表框中选择一种桌面背景；❸单击"确定"按钮即可。

2.2 八戒卖弄窗口切换

因为被投诉，八戒再次被唐僧喊进校长办公室，跟批了半天才出来，正好迎面碰上悟空。

"八戒，为什么李天王又投诉你了？"

"我只是跟他开了个玩笑……"

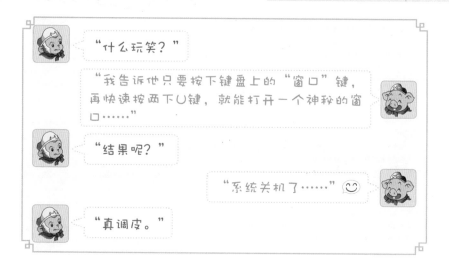

窗口的组成

虽然八戒是调皮了点，但讲课还是有一套的，下面看看他如何向众仙讲解窗口的组成。

窗口是Windows操作系统中非常重要的组成部分，在Windows操作系统中，许多操作都是通过窗口来完成的。窗口一般分为两类，一类是系统窗口，另一类是应用程序窗口。

- 系统窗口：是指Windows系统资源管理窗口，如"我的电脑"、"控制面板"窗口等。
- 应用程序窗口：是指处理日常事务、完成某种应用程序的窗口，如"计算器"、"记事本"窗口等。

很显然，系统窗口的外观与应用程序窗口是不一样的，下图所示的"控制面板"系统窗口与"记事本"应用程序窗口有很大差别。

虽然不同的窗口其标题栏名称、菜单栏命令和工具栏按钮等不相同，但绝大多数窗口都包含标题栏、菜单栏、工具栏和状态栏等组成部分，如下图所示。

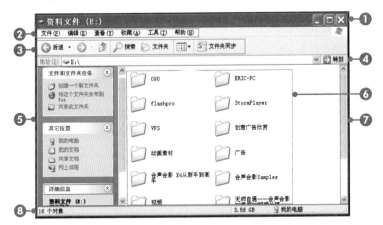

① **标题栏**：位于窗口最上方，显示的是当前打开的盘符或文件名称。在标题栏右侧还有窗口控制按钮，用于控制窗口状态

② **菜单栏**：位于标题栏的下面，由多个菜单构成，用鼠标单击菜单名或按"Alt+菜单名带下划线的字母键"，可打开相应的下拉菜单

③ **工具栏**：位于菜单栏的下面，它是常用的菜单命令的快捷按钮，以图标按钮的形式列出了一些常用的命令。用鼠标单击工具栏上的按钮即可执行相应的命令。如果按钮右侧带有▾按钮，表示单击该按钮时，将弹出一个下拉列表，在列表中可以选择需要执行的命令

④ **地址栏**：用于显示当前内容所在的路径或位置

⑤ **导航窗格**：位于窗口的左侧，为用户提供了快速到达其他窗口的链接，同时在窗格下方还会显示本窗口的详细信息

⑥ **主窗格**：位于窗口的右部，主要显示当前窗口中的所有对象

⑦ **滚动条**：窗口内容显示不全的情况下，可以通过拖动滚动条显示窗口内容

⑧ **状态栏**：通常位于窗口的最下方，用于显示当前窗口所含对象个数、容量大小及对象选中状态等信息

2.2.2 最大化与最小化窗口

一般情况下，窗口的尺寸是可以调整的，下面看看八戒如何向众仙讲解窗口大小的调整。

光盘同步文件
同步视频文件：光盘\视频教学\第2章\2-2-2.mp4

当窗口处于非全屏显示时，可以根据需要任意调整窗口的大小。

1. 最小化窗口

单击窗口中的"最小化"按钮，即可将当前窗口最小化到任务栏中。如果要恢复在屏幕中的显示，只需要单击任务栏中对应的按钮即可显示窗口。

2. 最大化窗口

单击窗口中的"最大化"按钮，即可将窗口最大化充满整个屏幕。此时标题栏中的"最大化"按钮将变为"还原"按钮。单击该按钮，即可将窗口还原到最大化之前的窗口大小。

3. 任意调整窗口大小

用户也可通过鼠标随意调整窗口的大小，具体方法如下。

方法
将鼠标指针移至窗口右下角，当指针变成双向箭头时，按下左键不放向内或向外拖动鼠标即可调整窗口的大小。

2.2.3 切换活动窗口

作为多任务操作系统，在Windows中，用户可以同时运行多个程序。但是每次只能对一个窗口进行操作，当前操作的窗口被称为活动窗口。同时打开了多个窗口以后，要对其中的一个窗口进行操作，就必须将该窗口切换为当前活动窗口。

光盘同步文件
同步视频文件：光盘\视频教学\第2章\2-2-3.mp4

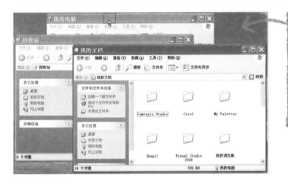

方法
将鼠标指针移至非活动窗口的标题栏单击，即可将该窗口切换为活动窗口。

教您一招——通过组合键切换窗口

按Alt+Tab组合键，即可调出切换界面，切换界面中会显示窗口所对应的缩略图，此时按住Alt键不放，多次按Tab键，即可按顺序在不同窗口中切换。

2.2.4 排列窗口

当用户同时打开多个窗口时，如果想要所有的窗口同时在屏幕上显示，那么我们可以通过鼠标拖动窗口对窗口进行排列，也可以通过命令排列。窗口的排列方式有3种：层叠窗口、横向平铺窗口、纵向平铺窗口。下面分别对其进行介绍。

光盘同步文件
同步视频文件：光盘\视频教学\第2章\2-2-4.mp4

1. 层叠窗口

层叠窗口就是将窗口依次层叠排列，只有最上面的窗口是完全显示的，其余窗口都被上面的窗口遮挡一部分，只有标题栏不会被遮挡，下面以层叠窗口为例进行介绍，具体操作如下。

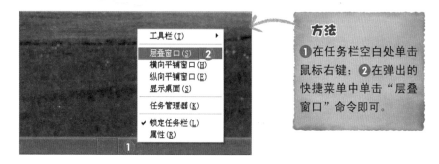

方法

❶在任务栏空白处单击鼠标右键；❷在弹出的快捷菜单中单击"层叠窗口"命令即可。

2. 横向平铺窗口

横向平铺窗口就是将窗口横向上下排列展示，各窗口都完整呈现，平均分享屏幕。在任务栏空白处单击鼠标右键；在弹出的快捷菜单中单击"横向平铺窗口"命令即可横向平铺窗口，如左下图所示。

3. 纵向平铺窗口

纵向平铺窗口就是将窗口纵向并排，单击"纵向平铺窗口"命令即可纵向平铺窗口，如右下图所示。

2.2.5 关闭窗口

太白金星尝试着开了许多窗口，突然举手把八戒喊了过去，原来是窗口打开得太多，找不到原来需要的窗口了，八戒告诉他关闭多余的窗口。

光盘同步文件
同步视频文件：光盘\视频教学\第2章\2-2-5.mp4

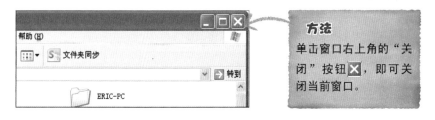

方法
单击窗口右上角的"关闭"按钮 ✕，即可关闭当前窗口。

此外，还有以下4种方法可以关闭窗口。

- 单击标题栏最左端的窗口图标，在弹出的菜单中单击"关闭"命令。
- 单击窗口中的"文件"菜单，然后单击"关闭"命令。
- 将需要关闭的窗口切换为活动窗口，按Alt+F4组合键。
- 在任务栏右击相应的窗口按钮，在弹出的快捷菜单中单击"关闭"命令。

2.3 悟空好为人师详解任务栏

2.3.1 设置任务栏

任务栏是Windows的重要组件，它允许用户对其进行个性化设置，而向来不走寻常路的托塔天王，就是向孙大圣请教如何对任务栏进行设置的。下面就跟随托塔天王一起，学习一下任务栏的设置方法。

光盘同步文件
同步视频文件：光盘\视频教学\第2章\2-3-1.mp4

1. 隐藏与显示任务栏

什么？还嫌桌面不够大，那就让桌面"全屏"吧！我们知道，任务栏是在桌面背景上，这样就会有一部分背景图像被任务栏遮挡，一些中老年朋友总是希望桌面填满整个屏幕，没问题！按照下面的方法即可实现。

Step 01

在任务栏空白处，❶单击鼠标右键；❷在弹出的快捷菜单中单击"属性"命令。

Step 02

打开"任务栏和「开始」菜单属性"对话框，❶在"任务栏"选项卡下，选中"自动隐藏任务栏"复选框；❷单击"确定"按钮即可。

友情提示

取消"自动隐藏任务栏"复选框的选择，即可显示任务栏。

2. 锁定与解锁任务栏

在Windows中，任务栏的位置是可以移动的，锁定任务栏的目的就是将任务栏固定在当前位置。其方法如下。

方法

在任务栏空白处，❶单击鼠标右键；❷在弹出的快捷菜单中单击"锁定任务栏"命令即可。

友情提示

若要解锁任务栏，可再次右击任务栏空白处，在弹出的快捷菜单中单击"锁定任务栏"命令，取消选择即可。

3. 显示与隐藏快速启动栏

我们知道，快速启动栏可以放置应用程序的快捷图标，以方便用户快速启动相应的应用程序，在任务栏中显示快速启动栏的方法如下。

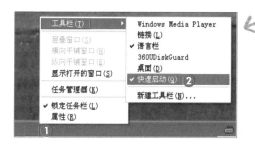

方法

在任务栏空白处，❶单击鼠标右键；❷在弹出的快捷菜单中单击"工具栏"→"快速启动"命令即可。

友情提示

若隐藏快速启动栏，再次执行该命令取消选择状态即可。

4. 隐藏通知区域图标

有些应用程序在运行时，会把自己的图标放置在任务栏通知区域中，方便用户调用，用户可通过设置将这些图标隐藏起来，当然也可通过设置将某些程序图标一直显示。

Step 01

在任务栏空白处，单击鼠标右键；在弹出的快捷菜单中单击"属性"命令。

Step 02

在打开的对话框中，① 选中"通知区域"选项组中的"隐藏不活动的图标"复选框；② 单击"自定义"按钮。

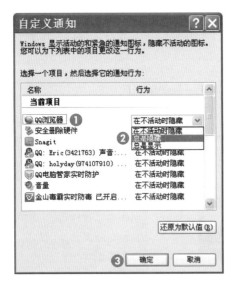

Step 03

打开"自定义通知"对话框，① 在列表框中选中一个选项；② 在其后面的下拉列表中选择相应的选项，如"总是隐藏"；③ 单击"确定"按钮即可。

5. 设置日期和时间

在任务栏的最右端，显示了当前系统时间，用户可在此修改系统的日期和时间，其方法如下。

Step 01

在任务栏上，双击最右端的时间显示区域。

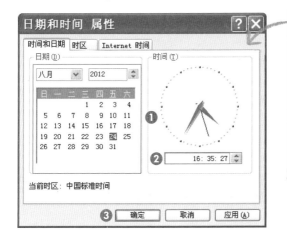

Step 02

打开"时期和时间 属性"对话框，❶在"日期"选项组中选择相应的年、月、日；❷在"时间"文本框中设置当前时间；❸单击"确定"按钮即可。

6. 调整任务栏的位置

前面已经讲过，任务栏是可以改变位置的，那么怎么来改变呢？其方法如下。

Step 01

右击任务栏空白处，在弹出的快捷菜单中单击"锁定任务栏"命令，取消其选择，解锁任务栏。

Step 02

在任务栏空白处按住鼠标左键不放，拖动到桌面上方、左侧或者右侧，再释放鼠标即可。

2.3.2 设置"开始"菜单

"开始"菜单集成了系统内应用程序的快捷方式，方便用户打开相应的应用程序，还集成了常用的系统文件夹，当然，我们也可通过"开始"菜单进行相关系统设置。

光盘同步文件
同步视频文件：光盘\视频教学\第2章\2-3-2.mp4

1. "开始"菜单的组成

单击"开始"按钮即可打开"开始"菜单，通过"开始"菜单用户可以启动程序，打开常用的文件夹，搜索文件、文件夹和程序，调整计算机设置，获取有关 Windows 操作系统的帮助信息，关闭计算机和注销 Windows 或切换到其他用户账户等。

"开始"菜单主要包括用户图标、程序列表窗格、系统功能窗格、注销与关闭计算机按钮，如下图所示。

❶ **用户图标**：位于"开始"菜单最顶端，显示当前电脑用户名称和图标

❷ **程序列表窗格**：位于"开始"菜单的左侧，主要显示电脑中经常使用的应用程序列表和最近使用的程序列表，单击下方的"所有程序"命令，可显示应用程序的完整列表

❸ 系统功能窗格：位于"开始"菜单的右侧，提供对常用文件夹、文件、设置和功能的访问

❹ 注销与关闭计算机按钮：用于执行系统的关机、重启、待机以及用户之间的切换和注销

2. 设置"开始"菜单中的程序数量

用户可根据个人喜好设置"开始"菜单最近打开程序列表中的数量。太上老君炼丹需要八卦炉，所以喜欢8这个数字，他的程序列表数量肯定要设置成8了，且看悟空是如何教会他设置的。

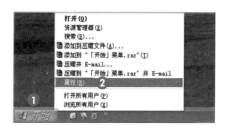

Step 01

❶右击"开始"按钮；
❷在弹出的快捷菜单中单击"属性"命令。

Step 02

在打开的对话框中单击"自定义"按钮。

Step 03

打开对话框，❶在"「开始」菜单上的程序数目"文本框中设置程序数目，如"8"；❷单击"确定"按钮即可。

3. 清除最近打开的文档记录

在Windows XP操作系统中，会自动记录用户打开和使用过的文档文件，在"开始"菜单的"我最近的文档"菜单中，会显示文档列表。这个功能是为了方便用户快速打开文档，同时也会产生隐私安全方面的问题，用户可根据需要将文档记录清除。

Step 01

右击"开始"按钮，在弹出的快捷菜单中选择"属性"命令，在打开的对话框中单击"自定义"按钮。

Step 02

❶ 在打开的对话框中单击"高级"选项卡；❷ 单击对话框下方的"清除列表"按钮；❸ 单击"确定"按钮即可。

教您一招——让系统不记录打开的文件列表

如果取消"列出我最近打开的文档"复选框的选择，则不会记录用户打开过的文档。

2.3.3 打开和关闭电脑中的程序

我们知道，操作系统最主要的作用就是支持各种应用程序的稳定运行，那么这些应用程序是怎样打开和关闭的呢？这可难不倒神通广大的孙大圣，下面我们来看看在悟空的指导下，太白金星是如何打开和关闭"Internet Explorer浏览器"程序的。

光盘同步文件
同步视频文件：光盘\视频教学\第2章\2-3-3.mp4

Step 01

①单击"开始"按钮；
②单击"所有程序"→
"Internet Explorer"
命令即可。

Step 02

如果要关闭应用程序，
只需在程序窗口中单击
"关闭"按钮 ✕ 即可。

友情提示

　　打开应用程序的方法不止一种，用户也许还会在"开始"菜单、桌面甚至是快速启动栏找到要打开的程序。而关闭程序的方法也有很多种，其实应用程序无非也是一种特殊的窗口，一些关闭窗口的方法在关闭应用程序时也同样适用。

秘技偷偷报——Windows个性化设置

"八戒，记住！一定要叫学员们将电脑设置
成省电模式。"

光盘同步文件
同步视频文件：光盘\视频教学\第2章\秘技偷偷报.mp4

01 设置便于查看的大字体显示

中老年人往往眼神不大好，总是看不清窗口标题，此时我们可将其设置成大字体显示，方法如下。

Step 01

在桌面空白处单击鼠标右键；在弹出的快捷菜单中单击"属性"命令。

Step 02

打开"显示 属性"对话框，❶单击"外观"选项卡；❷在"字体大小"下拉列表中选择一种字型，如"大字体"；❸单击"确定"按钮即可。

02 让鼠标更好用

在Windows中，可对鼠标的参数，如"指针"、"按键"、"滚轮"等进行设置，使其满足自己的使用习惯。其方法如下。

Step 01
单击"开始"→"控制面板"命令。

Step 02
在"控制面板"窗口中，单击"打印机和其他硬件"→"鼠标"链接。

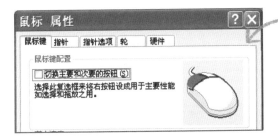

Step 03
在打开的对话框中，选中"切换主要和次要的按钮"复选框，可切换左右键的功能，适合左撇子用户。

Step 04
单击"指针"选项卡，在"方案"下拉列表框中选择一种鼠标指针样式。

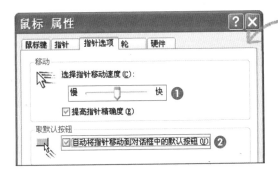

Step 05
单击"指针选项"选项卡，❶拖动滑块调整指针移动速度；❷选中"取默认按钮"下的复选框，可设置指针默认位置。

Step 06

单击"轮"选项卡，❶选中"一次滚动下列行数"单选按钮，并设置相应的行数，可调整滚轮的滚动速度；❷设置完毕后，单击"确定"按钮即可。

03 设置电源选项

Windows提供了多种电源使用方案，以满足用户不同的需求。其设置方法如下。

Step 01

打开"控制面板"窗口，单击"性能和维护"→"电源选项"链接。

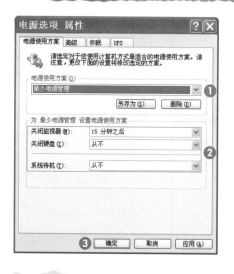

Step 02

打开"电源选项属性"对话框，❶在"电源使用方案"下拉列表框中选择一种方案；❷在下方分别设置"关闭监视器、关闭硬盘和系统待机"的时间；❸单击"确定"按钮即可。

04 将程序图标添加到快速启动栏

通过快速启动栏可以快速启动相应的应用程序，那么如何将自己经常用到的程序添加到快速启动栏呢？其方法如下。

方法

在桌面上或程序列表中，将相应的程序图标拖动至任务栏上的快速启动栏中，当出现黑色光标插入符时，释放鼠标。

增长见识 控制面板详解

控制面板是Windows重要的组成部分，通过它可以对几乎所有的系统参数进行设置。

在控制面板中，一共包含了10个类别的系统设置，分别为外观和主题，打印机和其他硬件，网络和Internet连接，用户账户，添加/删除程序，日期、时间、语言和区域设置，声音、语音和音频设备，辅助功能选项，性能和维护以及安全中心，如右图所示。

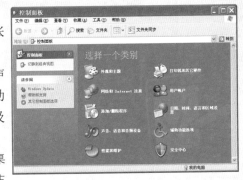

- 外观和主题：更改桌面项目外观、应用主题和屏幕保护程序以及自定义开始菜单和任务栏等。

- 打印机和其他硬件：更改打印机、鼠标、键盘、照相机及其他硬件设置。
- 网络和Internet连接：创建网络连接，配置网络参数及更改Internet设置等。
- 用户账户：创建和更改用户账户，并设置图片与密码。
- 添加/删除程序：安装与删除应用程序及Windows组件。
- 日期、时间、语言和区域设置：设置日期、时间、语言及货币的显示方式，设置输入法属性等。
- 声音、语音和音频设备：更改声音方案或配置扬声器及耳麦参数。
- 辅助功能选项：为视觉、听觉及移动能力的需要，提供相应的电脑设置选项。
- 性能和维护：对电脑进行一般维护，并提供电源管理方面的配置。
- 安全中心：提供电脑安全防范的基本措施与设置，以保证电脑正常运行。

当然，如果您觉得在每一大类下寻找某一单项设置比较麻烦，系统还提供了另外一种查看模式，那就是"经典视图"。只需在控制面板中单击左侧的"切换到经典视图"超链接即可显示全部设置分类，如下图所示。

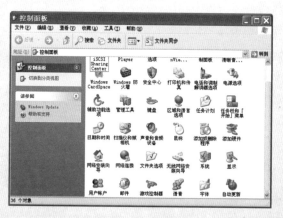

03 老君字音拿不准
拼音五笔轮上阵

课间休息，八戒找悟空聊天……

 "唉，那帮学员要求真多！"

"又怎么了？"

 "太白金星嫌打字难学，问有没有动动嘴就能输入的法子。"

"哦，这事啊，师父已经搞定了。"

 "啊，师父真厉害，他怎么做的？"

"当然是让他交费略。"

 "后来呢？"

"后来就没有后来了，快去教他们学打字！"

在电脑中输入文字，是中老年朋友需要掌握的基本技能之一。无论是编写文章、管理文件，还是上网聊天、收发邮件，都需要输入文字。本章主要介绍电脑打字的方法与相关技巧。

3.1 太白金星一指禅遭批

为了保证教学质量，这天唐僧来到教室旁听，看到太白金星打字姿势不正确，就把八戒喊过来……

"八戒，你是怎么教的，太白金星打字用一个手指头敲？"

"不怪我啊，师父，他说这样打方便，我能有啥办法。"

"罚款！"

"哎呀，师父还是你厉害，这些老神仙您都敢得罪。"

"为师当然不敢，我是说罚你的款！" >-<

3.1.1 认清键盘好打字

太白金星一看键盘的按键太多就头疼不已。其实，通过仔细观察，我们就会发现，键盘上的按键是有规律的。键盘的键位一般由4个键位区组成，分别是功能键区、主键盘区、控制键区和数字键区。键盘的组成外观如下图所示。

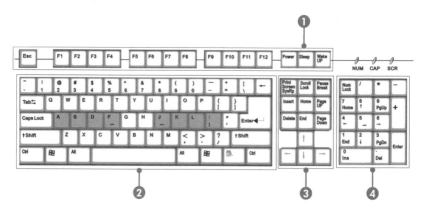

❶ 功能键区：包含了取消功能键Esc，F1～F12共12个功能键及3个电源管理键，使用功能键可以快速完成一些操作，在不同的应用环境下，各自的功能也有所不同

❷ 主键盘区：是键盘上最重要的区域，也是使用最频繁的一个区域，它的主要功能是用来输入数据、文字字符等内容。包括字母键、数字符号键、控制键、标点符号键及一些特殊键

❸ 控制键区：位于主键盘区与专用数字键区的中间，它集合了光标定位的相关功能键

❹ 数字键区：位于键盘的最右侧，数字小键盘区共由17个键组成，包括数字键和运算符号键

友情提示

细心的读者可能已经发现，在键盘上有些按键印刷了上下两个字符，这种按键叫做双字符键，它默认输入的是按键下方标识的字符。那么该如何输入按键上方的字符呢？其实很简单，只需在输入时，同时按Shift键即可。

3.1.2 操作键盘的正确指法

键盘上有许多按键，有些按键经常使用，有些却很少使用，如何充分调动手指的利用率，是打字速度的关键因素，太白金星总是喜欢用一个手指头敲击键盘，速度当然是很低的。

其实键盘定位还是有规律的，通过观察键盘可以发现，在主键盘区中有两个按键分别有一个短横杠凸起，它们是F键和J键，这两个键是键盘的基准键，它们可以帮助我们的手指在键盘上迅速定位。

与这两个键左右相连的6个按键，合起来称为基准键位区。在打字时，两手食指分别放在F和J按键上，除拇指外的其余6个手指依次放在基准键位区中，拇指放在空格键位上。基准键位分布如下图所示。

在主键盘区，每个手指负责若干按键，双手所管辖的键位具体如下图所示。

① 左手小指控制区：主要控制Q、A、Z、1、`键及相应功能键

② 左手无名指控制区：主要控制W、S、X、2键

③ 左手中指控制区：主要控制E、D、C、3键

④ 左手食指控制区：主要控制R、F、V、T、G、B、4、5键

⑤ 右手食指控制区：主要控制Y、H、N、U、J、M、6、7键

⑥ 右手中指控制区：主要控制I、K、,、8键

⑦ 右手无名指控制区：主要控制O、L、.、9键

⑧ 右手小指控制区：主要控制P、;、/、0、[、]、'、-、=、\ 键及相应功能键

⑨ 左右手拇指控制区：左右手的拇指共同控制空格键

3.1.3 中老年人打字的关键要素

使用电脑打字时，必须注意正确的姿势。如果姿势不对，坐久了就容易感到疲劳，影响思维和输入速度。尤其是中老年人，还可能影响身体健康，所以使用电脑时要养成正确的打字姿势，电脑打字应注意以下几点。

- 使用专门的电脑桌椅，电脑桌的高度以坐姿到达自己胸部为准。电脑椅应可以调节高度。
- 身体背部挺直，稍偏于键盘左方并微向前倾，双腿平放于桌下，身体与键盘的距离约为10~20cm。

- 眼睛的高度应略高于显示器25°左右、眼睛与显示器距离为30~40cm，眼睛不太好的中老年朋友，一定要配戴合适的眼镜。
- 两肘轻轻贴于身体，手指轻放于键盘上，手腕平直，两肩自然下垂。
- 手指保持弯曲、形成勺状放于键盘上，两食指总是保持在左食指F键，右食指J键的位置。
- 在持续操作电脑时间达到30分钟时，应稍作休息。

3.2 沙悟净简化输入法

话说马上要过节了，天庭给唐僧发了点福利，唐长老正要喊人搬东西，恰好八戒就过来了……

"八戒，太白金星学得怎样了？"

"在师父您老人家的指导和关怀下，我已经教会他敲键盘了。"

"光会敲键盘有什么用，重要的是打字！"

"哦，师父说得是，我这就回去教他安装输入法。"

"回来，这等小事让悟净去做吧，天庭发了一车蟠桃，你帮我搬到家里去。"

"体力活又找我，怎么不让猴哥搬。"

"废话，让他去，还不都掉到他肚子里去了！" ☺

3.2.1 安装好用的输入法

我们知道，使用键盘可以直接在文档中输入英文，如果要输入中文，就需要使用中文输入法，下面看看沙僧是如何教大家安装中文输入法的。

光盘同步文件
同步视频文件：光盘\视频教学\第3章\3-2-1.mp4

1.添加内置的输入法

在Window操作系统中，已经内置了一些中文输入法，有的已经被添加在输入法列表中，有的没有被添加，如果要添加需要的输入法，可按以下的方法操作。

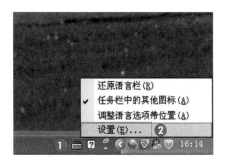

Step 01

在任务栏上，❶右击语言栏中的输入法图标🔲；❷在弹出的快捷菜单中单击"设置"命令。

Step 02

打开"文字服务和输入语言"对话框，单击"添加"按钮。

Step 03

打开"添加输入语言"对话框，❶选中"键盘布局/输入法"复选框；❷在下拉列表框中选择一种要使用的输入法；❸单击"确定"按钮。

Step 04

在返回的对话框中，单击"确定"按钮即可。

2. 安装外部输入法

系统中内置的输入法虽然可以满足正常的文字输入，但词库比较少，联想词更新也不及时，于是，沙悟净向大家推荐了一种第三方输入法：QQ拼音输入法。下面看看这种输入法是怎样安装的。

Step 01

用户可通过网上下载或从别处复制的方式获取输入法的安装程序。在电脑中找到并双击QQ拼音输入法的安装程序。

Step 02

在打开的对话框中，单击"下一步"按钮。

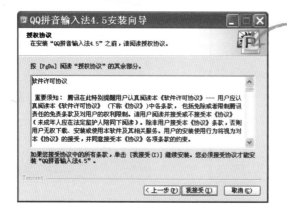

Step 03

在打开的"授权协议"对话框中,单击"我接受"按钮。

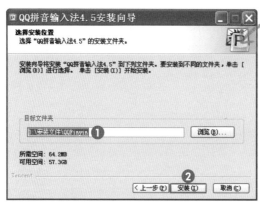

Step 04

打开"选择安装位置"对话框, ❶ 在"目标文件夹"文本框中设置安装路径或保持默认设置; ❷ 单击"安装"按钮。

Step 05

在打开的"安装完成"对话框中,单击"完成"按钮即可。

3.2.2　选择与切换输入法

　　一般情况下，系统中安装的输入法不止一种，用户要使用某种输入法，必须先切换到该输入法然后才能输入文字。下面来看看沙悟净是怎样在电脑中选择和切换输入法的。

光盘同步文件
同步视频文件：光盘\视频教学\第3章\3-2-2.mp4

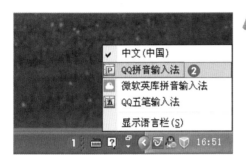

方法

在任务栏上，❶单击输入法图标 ；❷在弹出的下拉列表中选择相应的输入法即可。

教您一招——快速切换输入法

　　除了可以通过鼠标选择输入法以外，还可以通过组合键在不同的输入法之间进行切换，系统默认的输入法切换组合键为Ctrl+Shift，在中英文之间切换可按Ctrl+空格键。

3.2.3　删除不用的输入法

　　对于多余的输入法，用户也可将其删除，具体方法如下。

光盘同步文件
同步视频文件：光盘\视频教学\第3章\3-2-3.mp4

Step 01

在任务栏中右击语言栏中的输入法图标 ；在弹出的菜单中单击"设置"命令。

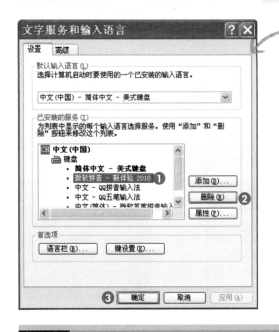

Step 02

打开"文字服务和输入语言"对话框，❶在"已安装的服务"列表框中选中要删除的输入法；❷单击"删除"按钮；❸单击"确定"按钮即可。

3.3 托塔天王爱拼音

　　这天唐僧要安排下一阶段的教学规划，就把悟空喊过来，了解教学进度……

"大家拼音输入学得怎么样？"

"都还可以，太上老君拼音不好，偶尔会打错，太白秘书长准确率很高，就是有点慢。"

"哦，不错，托塔天王怎么样？"

"李天王学得最快了，一只手打字的速度比他们两人打得都快！"

"嗯？怎么只用一只手？"

"他另一只手还托着塔的嘛。"

3.3.1 常用拼音输入法介绍

拼音输入法是目前使用最多的汉字输入法，只要熟悉汉语拼音的用户，就能很快学会并掌握拼音输入法。托塔天王为官多年，说一口流利的官话，拼音自然也不在话下。

现在市面上的拼音输入法多种多样，其功能也各有千秋，用户可根据自己的喜好选择，下面介绍几款常见的拼音输入法。

1. 谷歌拼音输入法

谷歌拼音输入法，是由谷歌公司研发的，该输入法具有智能输入、时尚语汇、个性定制、丰富扩展及多彩体验5大特色。下图所示为谷歌拼音输入法。

- 智能输入：选词和组句准确率高，能聪明地理解用户意图，短句长句，随想随打。
- 时尚语汇：海量词库整合了互联网上的流行语汇和热门搜索词。
- 个性定制：将使用习惯和个人字典同步在Google账号，并可主动下载最符合用户习惯的语言模型。
- 丰富扩展：提供扩展接口允许广大开发者开发和定义更丰富的扩展输入功能。
- 多彩体验：在重要节假日、纪念日显示Google风格的徽标。其输入仪表盘还可以实时显示准确率、速度等参数。

2. 搜狗拼音输入法

搜狗拼音输入法是由搜狐公司推出的一款汉字拼音输入法。搜狗拼音输入法是基于搜索引擎技术的、特别适合网民使用、新一代的输入法产品。

它具有网络新词、快速更新、整合符号、笔画输入、手写输入、输入统计、输入法登录、个性输入、细胞词库及截图等功能。右图所示为搜狗拼音输入法。

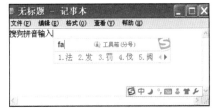

3. QQ拼音输入法

QQ拼音输入法是由腾讯公司开发的一款汉语拼音输入法软件，与大多数拼音输入法一样，QQ 拼音输入法支持全拼、简拼、双拼3种基本的拼音输入模式。QQ输入法具有精美皮肤、输入速度快、词库丰富、用户词库网络迁移、智能整句生成及个性表情等功能。右图所示为QQ拼音输入法。

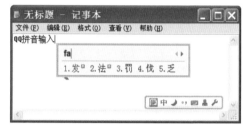

3.3.2 输入单个汉字

经过比较，众神仙一致选择了QQ拼音输入法来输入汉字，在拼音输入法中，输入单字很简单，只需输入单字的拼音，然后按对应数字键选择需要的单字即可。

光盘同步文件
同步视频文件：光盘\视频教学\第3章\3-3-2.mp4

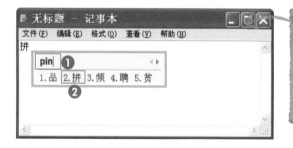

方法
在记事本中，❶输入pin，在候选框中即会出现此读音的单字；❷直接按2键即可。

友情提示

如果要输入的单字排在候选框第一位，可直接按空格键，这样就将第一个字输入了。

3.3.3 输入常用词组

拼音输入法输入词组的效率比较高，只需在输入时，连续输入词组的全部拼音，在候选框选择相应词组即可。

 光盘同步文件
同步视频文件：光盘\视频教学\第3章\3-3-3.mp4

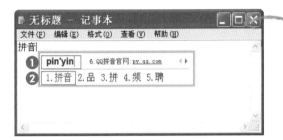

方法

在记事本中，❶输入 pinyin，在候选框中即会出现此读音的词组；❷直接按空格键即可。

友情提示

如果是常用词组，可只输入词组的声母部分，如py，也可打出需要的词组。

3.3.4 输入语句效率高

使用拼音输入法输入语句可以大大提高输入速度，只需在输入时连续输入语句的全部拼音，在候选框选择相应词组即可。

 光盘同步文件
同步视频文件：光盘\视频教学\第3章\3-3-4.mp4

方法

在记事本中，❶输入 pinyinshurufa；❷直接按空格键即可。

友情提示

如果是常用语句，可只输入语句的声母部分，如pysrf，也可打出需要的词组。这种汉字输入方式其实也有专属的名称，叫做"简拼输入"，在许多输入法中，简拼与全拼可以混合使用。

3.4 老君拼音不好也能打

这天，唐僧正和悟空、八戒聊天，忽然沙僧闯进来……

"师父，太上老君拒绝使用拼音输入法。"

"为什么？"

"他不说，不过据我观察，可能是因为经常打错别字，受到太白金星的嘲笑。"

"嗯，老君比较爱面子，我看还是教他学五笔吧。"

"五笔要背字根，估计对他来说有难度。"

"无妨，他经常画符咒，记点字根对他来说，毛毛雨啦。"

3.4.1 常用五笔输入法介绍

在电脑刚开始普及时，使用五笔输入法输入汉字是电脑用户必学的知识，这种输入法具有输入速度快、效率高，字词兼容等优点。它主要依据汉字的字型结构和书写顺序进行编码，大大降低了汉字输入的重码率，从而提高汉字的输入速度。随着拼音输入法的盛行，五笔输入法的用户数量也有所减少。

目前比较流行的五笔输入法主要有搜狐五笔输入法、QQ五笔输入法和极点五笔等，用户可根据自己的喜好进行选择。下面将常用的五笔输入法作简单介绍。

1. 搜狗五笔输入法

　　搜狗五笔输入法是当前互联网新一代的五笔输入法。与传统输入法不同的是，该输入法支持随身词库，具有超前的网络同步功能，并且兼容目前强大的搜狗拼音输入法的所有皮肤，值得一提的是，它具有五笔+拼音、纯五笔、纯拼音多种输入模式，适合大多数人群使用，如右图所示。

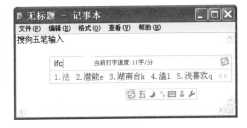

2. 极点五笔输入法

　　极点五笔输入法，是一款完全免费的，以五笔输入法输入为主，拼音输入为辅的中文输入软件。它同时支持86版和98版两种五笔编码，全面支持GBK，并具备五笔拼音同步输入、屏幕取词、屏幕查询、在线删词、在线调频、自动智能造词等多种功能，如右图所示。

3. QQ五笔输入法

　　QQ五笔输入法是腾讯公司继QQ拼音输入法之后，推出的一款界面清爽，功能强大的五笔输入法软件。QQ五笔吸取了QQ拼音的优点和经验，结合五笔输入的特点，专注于易用性、稳定性和兼容性，实现各输入风格的平滑切换，同时引入分类词库、网络同步、皮肤等个性化功能。让五笔用户在输入中不但感觉更流畅、打字效率更高，而且界面也更漂亮、更容易享受书写的乐趣，如右图所示。

3.4.2 五笔输入法的基础知识

在学习五笔打字之前，有必要先了解五笔输入法的基础知识，如笔画、字根、五笔汉字字型结构等基础知识。

1. 笔画、字根与汉字

五笔输入法是根据汉字的结构进行拆分的，在学习五笔打字之前应当对汉字的结构作一定的了解。五笔输入法将汉字分为3个最基本的层次：笔画、字根和汉字。

- 笔画是指书写汉字时一笔写成的一条连续不断的线段，如横、竖、撇、捺、折。
- 字根是由若干笔画复合连续交叉所形成的相对不变的结构，是组成汉字的最基本单位。在五笔汉字中，多数字根是传统的偏旁部首，如"匕"、"皿"等。
- 汉字是由字根按一定位置拼合而成的。人们在辨认汉字时，就利用了汉字的字根结构特点，如"日、月"两字根组成"明"字，"人、日、一"三字根组成"但"字等。

根据笔画的运笔方向，汉字的笔画可以分为5种基本类型：即横、竖、撇、捺、折，如下表所示。

代码	笔画名称	笔画走向	笔画
1	横	左→右	一
2	竖	上→下	｜ 丨
3	撇	右上→左下	丿
4	捺	左上→右下	、
5	折	带转折	乙 乛 乚 ㇈ ㇆

2. 五笔字型的结构

一个汉字可以拆分为若干个字根，从各字根间的关系来看，可以把汉字分为3种类型：即左右型、上下型、杂合型。

字型	图示	例字	数字代码
左右型	〖□□〗〖□□〗〖□□〗〖□□〗	对假倡割	1
上下型	〖□〗〖□〗〖□□〗〖□□〗	出意莉热	2
杂合型	〖回〗〖□□〗〖□〗〖□□〗	因天赶同	3

在上面的汉字结构中，最难区分的是杂合型结构的汉字。在五笔输入法中，对于杂合型结构的汉字有如下特殊规定。

- 内外型的汉字一律规定为杂合型。例如，运、连、圆等汉字，每一个部分之间都是包围与被包围的关系，一律视为杂合型。

- 单笔笔画与一个字根相连所构成的汉字规定为杂合型结构。例如，千、自、万、生等汉字。

- 一个基本字根与一个孤立点组成的汉字也规定为杂合型汉字。例如，勺、刁、术、太等汉字。

- 几个基本字根交叉套叠之后构成的汉字规定为杂合型结构。例如，果、我、末、未、里等汉字。

3. 字根在键盘上的分布

字根，在五笔输入法中就是组成汉字的基本单位。初学用户只有正确认识五笔字根及其特点，才能有效地在短时间内记住字根。

五笔字型（86版）共设计了130多个基本字根。这些字根按照五笔字型的组字频度与实用频度，在形、音、意方面进行归类，同时兼顾计算机标准键盘上25个英文字母（不包括Z键）的排列方式，将其合理地分布在键位A～Y共计25个英文字母键上，这就构成了五笔字型的字根键盘。如下图所示。

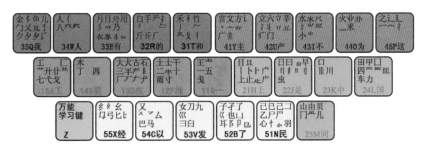

4. 末笔识别码

在五笔输入法中，为了减少重码率，可以使用末笔识别码来准确标识汉字。例如，几个完全相同的字根，由于字根的位置不同而构成不同的汉字时（如"口"和"八"两个字根可以构成"只"字，也可以构成"叭"字），就需要使用末笔识别码来标识汉字。

需要添加识别码的汉字

值得注意的是，只有少于4个字根的键外字才需要添加末笔交叉识别码，其他键面字、多于4个字根的汉字与刚好4个字根的汉字都不需要添加末笔识别码。

在录入字根个数少于4个的汉字时，可先录入各字根对应的键位，如果能打出该汉字，也可以不用加识别码，这是因为此类汉字属于简码汉字，具体内容参详后面相关小节。这样，也可以提高打字速度。

识别码在键盘上的分布

所谓"末笔识别码"，是指用汉字末笔的笔画代码和该字的字型结构码组成的两位数字，十位上的数字与末笔画代码对应，个位上的数字与汉字的字型结构代码对应，把这个两位数看成是键盘上的区码与位码，该区位码所对应的英文字母键就是这个汉字的识别码。五笔汉字的末笔识别码在键盘上的分布如下表所示。

需要添加识别码的汉字，其识别码只与下表中的15个键有关。

末笔笔画 ＼ 结构	左右型	上下型	杂合型
横区1	11 G	12 F	13 D
竖区2	21 H	22 J	23 K
撇区3	31 T	32 R	33 E
捺区4	41 Y	42 U	43 I
折区5	51 N	52 B	53 V

3.4.3 汉字的拆分原则

使用五笔输入法输入汉字时，首先要学会拆分汉字，把汉字分成几个独立的字根。

汉字的数量多，笔画也多，而键盘上只有26个字母键，所以一个按键就代表了几个字根，这些字根是五笔汉字组成的基本单位。如"招"字可以拆分成"扌、刀、口"字根，"封"字可以拆分成"土、土、寸"字根。

友情提示

使用五笔输入法输入汉字的基本原理是：将汉字拆分成一个个科学的基本单位（字根），然后找到每一个字根在键盘上的对应键，再按一定的顺序按字根对应的键即可完成汉字的输入。

1. 相连结构

拆分成为单笔与基本字根。如"自"字应拆分成"丿"和"目"，"千"字应拆分成"丿"和"十"两个字根。

2. 散结构或交连混合结构

按书写顺序拆分成几个已知的最大字根，在具体拆分过程中还要注意以下几点。

- 取大优先。是指在汉字拆分时，取字根最大的拆法。如"员"字应该拆分为"口"、"贝"，而不能拆分为"口"、"冂"、"人"。

- 兼顾直观。是指在拆分汉字时，要尽量照顾直观性。如"未"字应该拆分为"二"、"小"，而不能拆分为"一"、"木"。

- 能散不连。是指在拆分汉字时，能按"散"的关系进行拆分，就不要按"连"的关系拆分，首先要满足将汉字以"散"的关系进行拆分。一般情况下，"连"关系的拆分存在于单笔与基本字根之间，其他情况一般不存在连的关系。如"百"字应该拆分为"厂"、"日"，而不能拆分为"一"、"白"。

- 能连不交。是指在拆分汉字时，一个单体结构能按"连"的关系拆分，就不要按"交"的关系拆分。如"天"字应该拆分为"一"、"大"，而不能拆分为"二"、"人"。

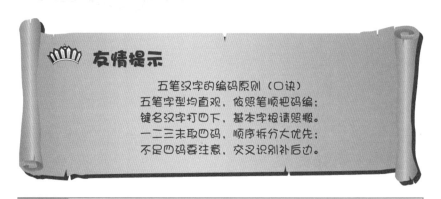

友情提示

五笔汉字的编码原则（口诀）
五笔字型均直观，依照笔顺把码编；
键名汉字打四下，基本字根请照搬。
一二三末取四码，顺序拆分大优先；
不足四码要注意，交叉识别补后边。

3.4.4 汉字的录入

通过沙僧对五笔输入法的介绍，太上老君已经对五笔输入法的基础知识、汉字的拆分原则有了一定的了解。但是他还是不知道汉字是怎么打出来的，下面结合前面的内容介绍五笔汉字的输入方法。

1. 键名汉字的录入

在键盘上26个英文字母除Z键以外，共有25个键位上都有一个成字字根，称为键名字。键名字是每个字母键上的第一个字根，键名字分布如下图所示。

如果要输入键名汉字，规定方法为：连续敲该字根所在键4下。例如：

"金"字连续敲4下Q键，编码为QQQQ。

"木"字连续敲4下S键，编码为SSSS。

"水"字连续敲4下I键，编码为IIII。

"火"字连续敲4下O键，编码为OOOO。

2. 成字字根的录入

每个键位上，除键名字以外成汉字的字根，称之为"成字字根"。成字字根的输入方法为：首先按下该字根所在键，叫做"报户口"，然后再按照该字根的笔画顺序，分别按第一、第二和最后一个单笔画所对应的键。如果该字根的笔画数不足三个时，则后面用空格补齐。例如：

"西"：S（报户口）G（第一笔画）H（第二笔画）G（末笔画）。

"厂"：D（报户口）G（第一笔画）T（第二笔画）+空格键。

3. 四码字的录入

由四个字根组成的汉字，称为四码汉字。输入方法为：第一字根编码+第二字根编码+第三字根编码+第四字根编码。例如，"熬"字，其编码为GQTO。

G　　　Q　　　T　　　O

4. 超过四码的汉字录入

组成汉字的字根个数多于四个的汉字，称之为超过四码的汉字。输入方法为：第一字根编码+第二字根编码+第三字根编码+末字根编码。例如，"版"字，其编码为THGC。

T　　　H　　　G　　　C

5. 不足四码的汉字录入

在五笔输入法中，输入少于四个字根的键外字的标准公式如下。

- 两个字根的汉字输入公式：第一字根编码+第二字根编码+末笔识别码 +空格，如"灭"字只有两个字根，依次输入第一个字根编码G、第二 个字根编码O，然后再输入识别码"、"，最后输入空格，即GOI。

- 三个字根的汉字输入公式：第一字根编码 + 第二字根编码 + 第三字根 编码+ 末笔识别码。如"哭"字只有三个字根，依次输入第一个字根 编码K、第二个字根编码K、第三个字根编码D，然后再输入识别码。 "哭"字的末字根是"犬"，"犬"的末笔画是点"、"；"哭"字为 上下型汉字对应的键位是U，所以"哭"字的识别码为U。

3.4.5 简码的录入

所谓简码就是对汉字通过简单地编一个、两个或三个码就可以输入 的汉字，这类汉字称为简码。简码分为一级简码、二级简码和三级简码。

1. 一级简码

一级简码共有25个，分别分布在25个键位上（Z键除外）。在输入 时，只需按一下一级简码汉字所在键位再按空格键即可。

输入方法：简码汉字所在键 + 空格键。如"我"字应输入"Q+空 格"，"主"字应输入"Y+空格键"。

2. 二级简码

二级简码汉字，就是用该汉字的前两个编码键加一个空格键作为该 汉字的输入编码。五笔字型输入法挑选了一些比较常用的汉字作为二级 简码的汉字，二级简码约600多个。

输入方法：第一个编码 ＋ 第二个编码 ＋ 空格键。如"帮"字只需要取其前两位编码即可，即输入"DT＋空格键"。

3. 三级简码

三级简码字约4400个，三级简码是用单字全码的前3个字根来作为该字的代码。选取时，只要该字的前3个字根能惟一代表该字，这就是三级简码。

输入方法：第一个编码 ＋ 第二个编码 ＋ 第三个编码 ＋ 空格键。如"情"字，它的全码为NGEG，因为它是三级简码汉字，只需按"NGE＋空格键"即可。

3.4.6 词组的录入

想要提高文字的输入速度，掌握词组的输入是必需的。"词组"也称作词汇，通常指由两个及两个以上的汉字构成的汉字串。在五笔字型输入法中通过词组的输入可以大大提高五笔打字的速度。

1. 双字词组的录入

输入规则：第一个字的前两个字根编码 ＋ 第二个字的前两个字根编码。例如，"学者"的编码为IPFT。

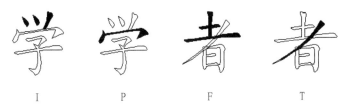

I   P   F   T

2. 三字词组的录入

输入规则：第一个字的第一个字根编码 ＋ 第二个字的第一个字根编码 ＋ 第三个字的前两个字根编码。例如，"热水器"的编码为RIKK。

R   I   K   K

3. 四字词组的录入

　　输入规则：第一个字的第一个字根编码 ＋ 第二个字的第一个字根编码 ＋ 第三个字的第一个字根编码 ＋ 第四个字的第一个字根编码。例如，"形影不离"的编码为GJGY。

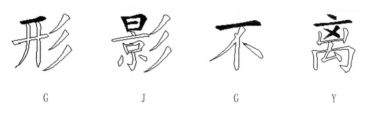

4. 四字以上词组的录入

　　输入规则：第一个字的第一个字根编码 ＋ 第二个字的第一个字根编码 ＋ 第三个字的第一个字根编码 ＋ 最后一个字的第一个字根编码。例如，"中华人民共和国"的编码为KWWL。

秘技偷偷报——输入法使用小技巧

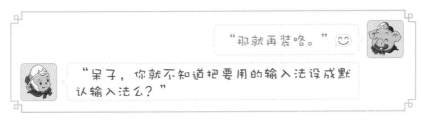

"那就再装喽。" ☺

"呆子，你就不知道把要用的输入法设成默认输入法么？"

光盘同步文件
同步视频文件：光盘\视频教学\第3章\秘技偷偷报.mp4

01 将常用输入法设置为默认输入法

将经常使用的输入法设置为默认输入法，这样在使用时就不需要切换了，对于经常输入文字的用户来说，还是非常方便的，方法如下。

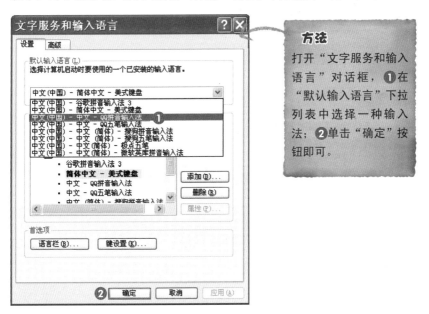

方法

打开"文字服务和输入语言"对话框，❶在"默认输入语言"下拉列表中选择一种输入法；❷单击"确定"按钮即可。

02 解决输入法图标消失问题

一般情况下，任务栏上会显示输入法图标，以便用户切换与设置输入法，如果这个图标因为种种原因消失了，可通过设置将其找回来，方法如下。

Step 01

打开"控制面板"窗口,在经典视图中双击"区域和语言选项"图标,并在打开的对话框中单击"语言"选项卡中的"详细信息"按钮。

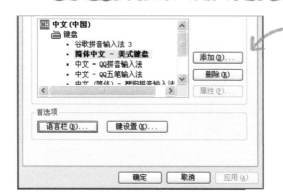

Step 02

在"文字服务和输入语言"对话框中,单击"首选项"下的"语言栏"按钮。

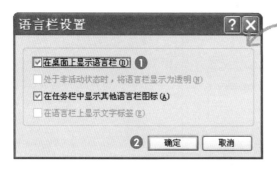

Step 03

在"语言栏设置"对话框中,❶选中"在桌面上显示语言栏"复选框;❷单击"确定"按钮。

Step 04

此时,语言栏即会出现在桌面上,单击其上的"最小化"按钮 ,输入法图标就会重新显示在任务栏上。

03 更改搜狗拼音输入法的皮肤

使用搜狗拼音输入法的用户有很多,那么怎样为搜狗拼音输入法设置好看的皮肤呢?其方法如下。

Step 01

在搜狗拼音输入法的状态条上单击皮肤按钮👕。

Step 02

在打开的对话框中，单击相应的皮肤图标即可。

04　在五笔输入法中录入单笔笔画

如果要输入"一、丨、丿、丶、乙"等单笔笔画，只需按该笔画所在键两下，然后按两个L键即可。例如，"一"：GGLL；"丨"：HHLL；"丿"：TTLL；"丶"：YYLL；"乙"：NNLL。

增长见识　用金山打字通练习打字

对于初学打字的中老年朋友，刚开始打字的速度是很慢。俗话说，熟能生巧，只有练习熟练了才能提高打字速度，这个提高的过程因人而异，有的人没练习几天就能提高；有的人练了很长时间还是效果不佳。

其实练习打字也是有诀窍的，我们可用打字辅助软件来帮忙。金山打字通就是一款帮助大家练习打字的软件，主界面如右图所示。通过它不但能练习英文输入，还能练习拼音输入和五笔输入，如果觉得打字太枯燥，还可以边玩游戏边练习，可谓学习打字的好帮手！

金山打字通的使用方法非常简单，只需在主界面中选择要练习的种类，要练习英文就选择"英文打字"，练习拼音就选择"拼音打字"，练习五笔就选择"五笔打字"，选择后切换到相应的输入法就可以根据屏幕提示进行练习了。在练习过程中，软件会显示打字的用时、速度、进度以及正确率，帮助用户实时了解自己的学习状况。如果学习累了，还可以玩玩打字游戏，寓教于乐，是不是很棒啊！如右图所示。

自带工具有大用
八戒授课增倍功

话说唐僧正在办公室和悟空、八戒交流教学经验，这时沙僧推门进来……

 "师父，玉帝差人来说，明天要过来检查学员的学习情况。"

"哎呀，大BOSS要来了，万一学员表现不佳就糟了。"

 "师父莫急，想当年俺老孙也去过天庭，玉帝桌上的电脑就是摆设，从来没开过机，估计他也就会用个记事本、计算器什么的。"

"可是那些老神仙连这个还没学会呢。"

 "那还愣着干嘛，赶紧去教会！今天你们都加班。"

"师父，咱们还是先谈谈加班费的事吧……"

Windows XP操作系统自带了许多非常实用的工具软件，这些工具软件涵盖了影音播放、文档编辑、数学计算、图形处理等一般功能。内置了一些小游戏供用户休闲娱乐。

4.1 八戒讲授媒体播放受好评

师徒四人关于加班费的事讨论了一上午，最后还是不了了之。八戒越想越生气，偷偷录了唐僧唱的歌拿去上课……

 "呆子，听说神仙们表扬你了。"

"必须的！教得好呗。"

 "跟我说说，你是怎么教的。"

"还记得师父最拿手的那首歌么？"

"当然记得，《Only You》嘛，天天唱，比念咒都烦。"

"那是你听得多，神仙们都没听过呢，今天我用播放器给他们一放，就有效果了。太白金星说要推荐给"天庭好声音"呢。"

 "这下师父要火了……我要当师父的经纪人！"

4.1.1 使用Windows Media Player播放音乐或视频

Windows XP内置的Windows Media Player软件，可以播放音频和视频，通过该软件用户还可以将电脑中的音乐刻录成音乐光盘。八戒就是使用这个软件播放歌曲《Only You》的。

光盘同步文件
同步视频文件：光盘\视频教学\第4章\4-1-1.mp4

Step 01

单击"开始"按钮，在"开始"菜单中单击"所有程序"→"附件"→"娱乐"→Windows Media Player命令。

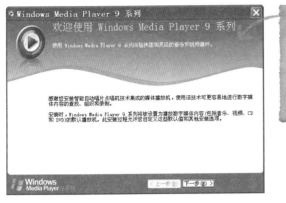

Step 02

软件第一次运行时需要简单设置，在打开的对话框中，单击"下一步"按钮。

Step 03

❶在对话框中设置相关选项；❷单击"下一步"按钮。

Step 04

在对话框中，❶设置文件关联选项；❷单击"完成"按钮。

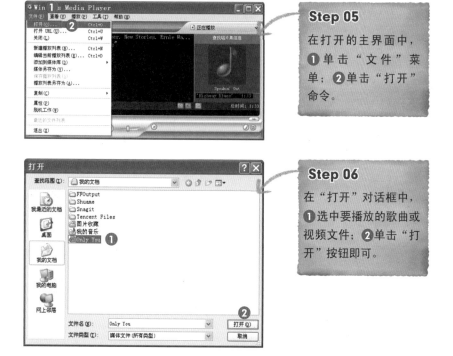

Step 05

在打开的主界面中，❶单击"文件"菜单；❷单击"打开"命令。

Step 06

在"打开"对话框中，❶选中要播放的歌曲或视频文件；❷单击"打开"按钮即可。

4.1.2 浏览电脑中的照片

Windows图片和传真查看器是Windows XP操作系统默认的图片查看工具，它与系统高度集成，用户要浏览图片时，只需在相应图片上双击即可打开该工具查看图片，如下图所示。

用户可以通过单击"上一个" 或"下一个" 按钮，来浏览当前文件夹中的所有图片。

4.2 记事本，很小巧，太白金星用得着

听说一向不爱学习的老顽童太白金星竟然主动要求八戒补课，引起了大家的好奇，于是悟空去访问八戒……

 "八戒，听说你给太白金星开小灶了？"

"是啊，他强烈要求的。"

 "不像他老人家的作风啊。"

"他也很无奈，玉帝要求办公信息化，他要做记录要学会用记事本才行。"

 "这事让秘书干就行了嘛！"

"他就是玉帝的首席秘书嘛。"

4.2.1 记录容易忘记的事

记事本是Window XP操作系统内置的文本编辑软件，可以创建.txt格式的文本文件。大家可不要小看这个软件，它可是使用率最高的编辑软件之一。平时写写文章，记记账还是很方便的，使用方法如下。

 光盘同步文件
同步视频文件：光盘\视频教学\第4章\4-2-1.mp4

Step 01

单击"开始"按钮，在"开始"菜单中选择"所有程序"→"附件"→"记事本"命令。

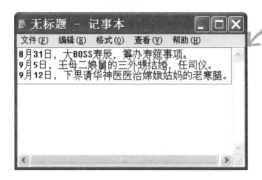

Step 02

在打开的记事本窗口中，输入相应的文本。

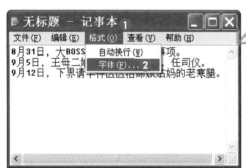

Step 03

在窗口中，❶单击"格式"菜单；❷在弹出的菜单中单击"字体"命令设置文本格式。

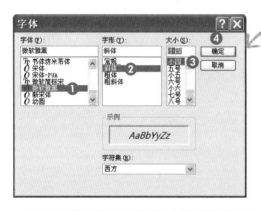

Step 04

在"字体"对话框中，❶选择一种字体；❷选择字体的字形；❸设置字体的大小；❹单击"确定"按钮即可。

教您一招——让输入的文本自动换行

默认情况下，输入的文本会显示在同一行，不便于阅读，此时，可单击"格式"菜单中的"自动换行"命令，使文本长度自动适应窗口大小，输入的文字到达窗口边框时，即会自动换行显示。

4.2.2 保存文本文档的方法

设置好记事本的文档格式后，可以将记事本中的文本内容保存在电脑中，便于日后查看。

光盘同步文件
同步视频文件：光盘\视频教学\第4章\4-2-2.mp4

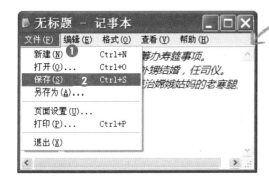

Step 01

在记事本窗口中，❶单击"文件"菜单；❷单击"保存"命令。

Step 02

打开"另存为"对话框，❶选择保存位置；❷输入文件名称；❸单击"保存"按钮即可。

4.3 炼丹是强项，老君画图样

悟空得知八戒给学员开小灶挣补课费的事，也起了这个心思，正巧，太上老君对画图很感兴趣，于是，悟空也悄悄给太上老君补起了课。

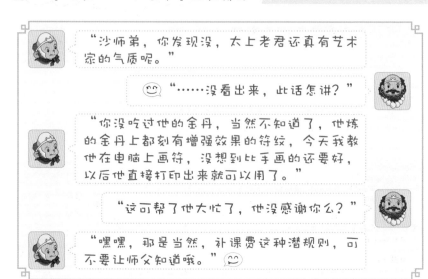

4.3.1 认识画图程序窗口

画图工具是Windows操作系统内置的软件之一，用户不仅可以使用该工具绘制简单的图形，还可以对电脑中的照片进行简单处理。当启动画图程序以后即打开如下图所示的窗口。

❶ 标题栏：显示画图工具的标题名称和窗口控制按钮

❷ 菜单栏：该栏集成了画图工具中几乎所有命令，可完成图像的编辑和保存操作

❸ 工具箱：集成了画图工具中常用的操作按钮，选择相应的按钮，可在绘图区中绘制图形、填充颜色、修改线条等

❹ 绘图区：绘制图形的主要区域，所有图形都在此空白区域中绘制

❺ 颜料盒：集成了28种颜色块，用于改变线条或图形的颜色

❻ 状态栏：显示当前操作的状态信息，如光标位置、绘图区域大小及缩放显示等

4.3.2 使用画图工具绘制简单图形

通过"开始"菜单"所有程序"中的"附件"列表打开"画图"程序。在画图程序中，可以使用绘图工具来绘制自己想要的图形。下面以绘制五角星图形为例介绍其方法。

光盘同步文件
同步视频文件：光盘\视频教学\第4章\4-3-2.mp4

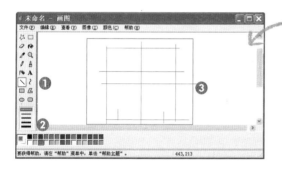

Step 01

在画图窗口中，❶单击工具箱中的"直线"按钮＼；❷在颜料盒中选择一种颜色；❸在绘图区绘制必要的辅助线。

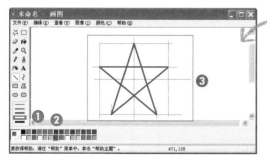

Step 02

❶选择直线的粗细样式；❷在颜料盒中选择一种颜色；❸连接相应辅助线的顶点。

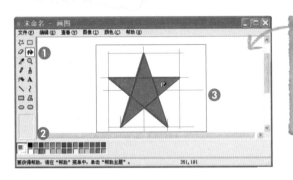

Step 03

❶单击"填充"按钮📭；
❷在颜料盒中选择一种颜色；❸将图形填充颜色即可。

友情提示

要绘制正五角星形，应先确定五角星的五个顶点，假设五角星的宽度为200，则可根据状态栏显示的坐标绘制出宽度为200的辅助框线，其中最上面的顶点应在框线的中点处；中间两个顶点应在两条垂直线段的三分之一处；最下面两个顶点应在底线距端点六分之一处。

4.3.3 在画图工具中简单地处理图片

使用画图工具除了绘制图形外，还可以对图片进行简单处理，如旋转、添加文字等，具体操作方法如下。

光盘同步文件
同步视频文件：光盘\视频教学\第4章\4-3-3.mp4

Step 01

在画图窗口中，❶单击"文件"菜单；❷单击"打开"命令。

Step 02

打开"打开"对话框，
❶选中要编辑的图片；
❷单击"打开"按钮。

Step 03

在画图主界面，❶单击
"图像"菜单；❷单击
"翻转/旋转"命令。

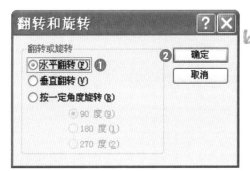

Step 04

打开"翻转和旋转"对
话框，❶选中"水平翻
转"单选按钮；❷单击
"确定"按钮。

Step 05

❶ 在工具箱中单击"文
字"按钮；❷在绘图区适
当位置单击，在弹出的
"字体"栏中设置字体与
字号；❸然后输入文字。

4.4 劳逸结合，神仙也要玩游戏

　　唐僧的三个徒弟，一个没耐心，一个偷奸耍滑，唯有沙僧授起课来兢兢业业，众学员有不会的问题也都喜欢问他，如此一来悟净就有点招架不住了。

 "唉，这些老神仙精力太旺盛了，一天课下来好累啊。"

 "你让他们自习嘛。"

 "不行，他们会围住你不停地问问题，比上课还累！"

 "我有个主意，包你药到病除。"

 "快说，怎么办？"

 "你教他们玩游戏啊，一玩游戏肯定就不搭理你了。"

 "这个……师父知道了不好吧"

 "没问题！你就说劳逸结合，再说师父还是比较信任你的！"

4.4.1 玩扫雷游戏

　　Windows XP操作系统内置了一些小游戏，如"扫雷"、"蜘蛛纸牌"、"红心大战"、"空当接龙"等，非常适合中老年朋友休闲娱乐。"扫雷"是一款益智小游戏，它的玩法非常简单，初学用户很容易学会，众位老神仙们也都很喜欢玩它哦。

光盘同步文件
同步视频文件：光盘\视频教学\第4章\4-4-1.mp4

Step 01

单击"开始"按钮；在"所有程序"中的"游戏"列表中单击"扫雷"命令。

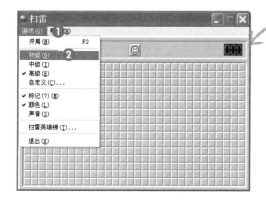

Step 02

打开"扫雷"窗口，
① 单击"游戏"菜
单；② 在菜单中选择
难度级别，如单击"初
级"命令。

Step 03

在游戏面板中单击灰
色格子，将可能为雷
的格子右击标上小红
旗，将不是雷的区域
全部单击翻开，直到
翻开所有不是雷的格
子，即获得胜利。

Step 04

如果打破了此前的纪
录，会自动弹出对话
框；① 在文本框中输
入姓名；② 单击"确
定"按钮。

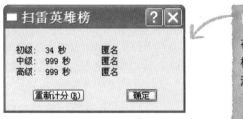

Step 05

在弹出的"扫雷英雄榜"对话框中会显示游戏最快纪录，单击"确定"按钮。

 4.4.2 玩蜘蛛纸牌游戏

"蜘蛛纸牌"是一款非常经典的小游戏，也是托塔天王最喜欢玩的，看看这款小游戏是怎么玩的，操作方法如下。

光盘同步文件
同步视频文件：光盘\视频教学\第4章\4-4-2.mp4

Step 01

单击"开始"按钮；在"所有程序"中的"游戏"列表中单击"蜘蛛纸牌"命令。

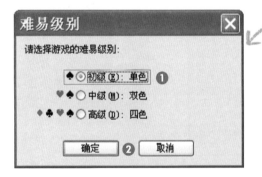

Step 02

在打开的"难易级别"对话框中选择难度级别，❶如选中"初级：单色"单选按钮；❷单击"确定"按钮。

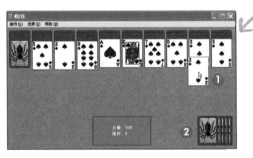

Step 03

在游戏窗口中，❶按顺序递减的方式将牌拖动到比其大一点的牌下；❷当没有牌可以拖动时，单击下方的牌堆发牌。

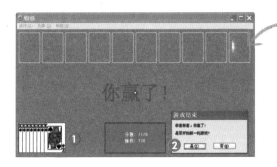

Step 04

在游戏时，❶当所有的牌按照K～A的顺序排列完毕后即获得胜利；❷在弹出的对话框中，单击"是"按钮可重新开始。

4.5 天庭开会不再愁，辅助工具来帮忙

话说玉帝要招开一年一度的财务预算会议，众神仙自然也要参加，于是忙着收拾行李。

"师父，众神仙说要把学校发的笔记本电脑带上。"

"我看见他们经常玩游戏，难不成要打发无聊的时间么？"

"师父一针见血啊，不过他们说是拿去办公用，可以算个账，记个笔记什么的。"

"既然如此，就让他们带上吧，不过要收押金，每台500两吧！"

"师父英明，不过押金要交，租金也不能少，不如每天50两……"

"猴子，还是你黑啊！"

4.5.1 使用放大镜查看屏幕内容

放大镜也是Windows XP自带系统工具，主要用于将电脑屏幕显示的内容放大若干倍来显示，这个工具特别适合眼睛不好使的太白金星了。使用放大镜的具体操作方法如下。

光盘同步文件
同步视频文件：光盘\视频教学\第4章\4-5-1.mp4

Step 01

若要启动放大镜，可单击"开始"按钮；在程序列表中单击"附件"→"辅助工具"→"放大镜"命令。

Step 02

此时，在屏幕顶部出现一个放大窗格，单击"确定"按钮关闭对话框即可正常使用。

Step 03

在自动打开的"放大镜设置"对话框中，❶可根据需要进行相应设置；❷若不再使用放大镜，可单击"退出"按钮即可。

4.5.2 使用计算器计算开支

用户可以使用Windows XP中自带的计算器来计算日常生活开支。简单的加、减、乘、除和各种复杂的函数与科学运算都可以通过它算出结果，这次开会，计算器可是帮了太白金星的大忙。下面就来学习一下计算器的使用方法。

光盘同步文件
同步视频文件：光盘\视频教学\第4章\4-5-2.mp4

1. 使用标准计算器

计算器的使用方法很简单，在"开始"菜单"所有程序"中的"附件"列表中启动计算器应用程序，单击"数字、运算符(+、—、×、÷)、数字和等于符号（=），即可计算出运算结果。例如，计算"63+31"的方法如下。

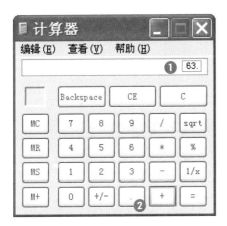

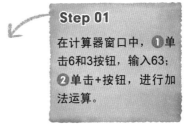

Step 01

在计算器窗口中，❶单击6和3按钮，输入63；❷单击+按钮，进行加法运算。

Step 02

在计算器窗口中，❶单击3和1按钮，输入31；❷单击=按钮，得出运算结果。

2. 使用科学计算器

除了简单的计算功能外，Windows XP的计算器程序还提供了强大的科学计算功能，完全能够满足用户在不同领域的计算需要。例如，将计算器切换到"科学型"模式的方法如下。

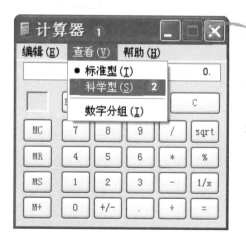

方 法

❶在计算器窗口中单击"查看"菜单；❷在弹出的菜单中单击"科学型"命令即可。

4.5.3 使用通讯簿记下亲友的联系方式

通讯簿是Windows XP内置的联系人管理程序，用户可通过该工具记录亲朋好友的联系方式，使用方法如下。

光盘同步文件
同步视频文件：光盘\视频教学\第4章\4-5-3.mp4

Step 01

启动通讯簿应用程序，可单击"开始"按钮；在"所有程序"中单击"附件"→"通讯簿"命令。

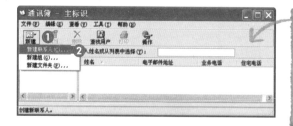

Step 02

❶在通讯簿窗口中单击"新建"按钮；❷在弹出的菜单中单击"新建联系人"命令。

Step 03

在打开的对话框中，① 输入联系人的基本信息、邮件地址；② 然后单击"添加"按钮。

Step 04

①依次在"住宅"、"业务"、"个人"等选项卡中输入相应信息；②单击"确定"按钮即可。

4.5.4 使用录音机录音

录音机可以录下平时生活中的点点滴滴，有趣的声音还可以设置为彩铃。录制之前需要安装话筒设备，然后才能录制。

光盘同步文件
同步视频文件：光盘\视频教学\第4章\4-5-4.mp4

Step 01

启动录音机应用程序，可单击"开始"按钮；在"所有程序"中的"附件"→"娱乐"列表中单击"录音机"命令。

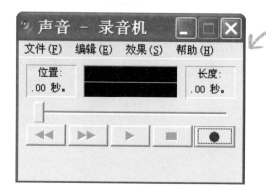

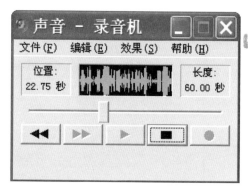

Step 03

录制完后，单击"停止"按钮 ■ ，停止录制。

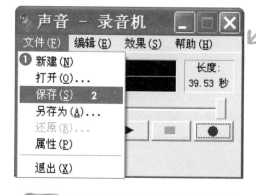

Step 04

录制好的声音可以保存，❶单击"文件"菜单；❷单击"保存"命令。

Step 05

在打开的"另存为"对话框中设置文件保存位置和输入文件名，单击"保存"按钮即可。

秘技偷偷报——辅助工具应用小技巧

光盘同步文件
同步视频文件：光盘\视频教学\第4章\秘技偷偷报.mp4

01 自动更新记事本日期

设置更新记事本日期后，再次打开保存的记事本，记事本会自动更新当天的日期，具体操作如下。

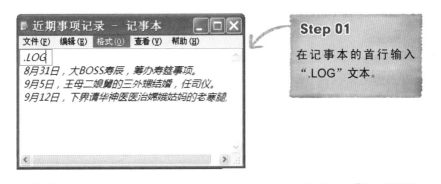

02 更换Windows Media Player的皮肤

Windows Media Player播放器可以更换皮肤外观，用户可根据需要选择不同的皮肤。其方法如下。

Step 01

在"开始"菜单中，选择"所有程序"→"附件"→"娱乐"→Windows Media Player命令，打开Windows Media Player播放器。

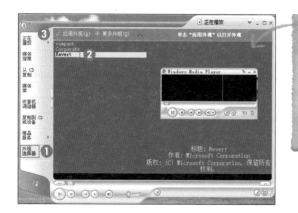

Step 02

❶ 在主界面中单击"外观选择器"选项；❷选择一种外观；❸单击"应用外观"按钮即可。

03 快速调整播放器的播放音量

用户在使用Windows Media Player播放器播放视频时，除了可以通过鼠标拖动音量滑块来改变音量大小外，还可以使用快捷键改变音量大小，其中，按F10键增大音量，按F9键减小音量，按F8键设置静音。

04 使用幻灯片方式浏览照片

使用Windows图片和传真查看器可以将图片以幻灯片的方式显示。其具体操作方法如下。

Step 01

双击图片打开Windows图片和传真查看器，单击下方的"开始幻灯片"按钮，即可进入幻灯片播放模式。

Step 02

若要退出幻灯模式，可移动鼠标，此时在屏幕右上角会显示操作工具条，单击其中的"关闭窗口"按钮即可。

增长见识 强大的"写字板"

　　大家知道，在Windows中，可以使用记事本来编辑文字，但是记事本的功能非常有限，尤其是不支持段落格式设置，也无法单独设置字体格式，这让广大中老年用户非常苦恼。其实，在Windows中还内置了另一款强大的文本编辑工具——写字板。

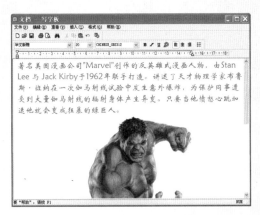

　　在写字板中不仅可以创建和编辑简单的文本文档，还可以设置复杂格式和图形的文档。这样编辑图文并茂的文档就不是梦了，如右图所示。如果用它来写日记，也会增添许多色彩。

　　写字板支持多种文本框，用户可以将"写字板"文件保存为文本文件、多信息文本文件、MS-DOS 文本文件或者 Unicode 文本文件。当用于其他程序时，这些格式可以向您提供更大的灵活性。它所支持的多信息文本文件（.rtf）格式，支持图片和其他对象，是业界的一种标准文件格式。

神仙也有小烦恼

系统管理就几招

神仙们开完天庭大会又陆续返回了学校，继续他们的电脑之旅。

 "悟空，神仙们把电脑都归还了吗？"

"还了。"

 "哦，那就好。"

"可是那些电脑都有一些小故障，不是少了驱动程序，就是缺了系统文件……"

 "嗯，不错！"

"不错？"

 "是啊，押金不用退了！"

　　中老年朋友最头疼的可能就是对电脑的管理了，本章将重点介绍文件与文件夹管理操作相关知识，同时还将了解到软硬件的安装与删除及系统账户的操作知识。

5.1 长老来点兵，文件列阵营

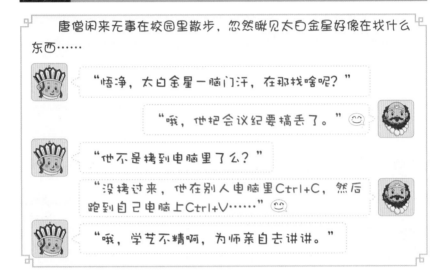

5.1.1 认识文件与文件夹

通常电脑中包含了大量信息资源，这些信息都以文件的形式储存在电脑中。而文件夹则用于对不同类型或用途的文件分类。下面就和太白金星一起来了解文件与文件夹。

1. 认识文件

文件是电脑中的基本储存单位。用户对电脑下达指令后，电脑输出的结果大多以文件的形式储存起来。在Windows操作系统中，文件有两个最基本的要素：文件名与文件类型。它们决定了文件的用途和表现形式。下图所示为不同类型的文件。

- 文件名：在Windows操作系统中，每个文件都有各自的文件名，完整的文件名由"文件名称和扩展名"组成，文件名用于识别文件，如果为不同文件赋予不同的名称，即可通过名称来快速识别该文件内容。
- 文件类型：文件类型是由文件的扩展名决定的，用户要识别电脑中的各种文件类型就必须了解常见的扩展名。从而在查看文件时能快速找到自己需要的文件。

常见的扩展名及其文件类型如下表所示。

扩展名	文件类型	扩展名	文件类型
avi	视频文件	bak	备份文件
bmp	位图文件	com	MS-DOS应用程序
dat	数据文件	dbf	数据库文件
dll	动态链接库文件	doc	Word文档
exe	应用程序文件	fon	点阵字体文件
gif	动态图像文件	hlp	帮助文件
htm	Web网页文件	ico	图标文件
ini	系统配置文件	jpg	JPGE压缩图像文件
mdb	ACCESS数据库文件	mid	MIDI音乐文件
pdf	Adobe Acrobat文档	ppt	PowerPoint演示文件
pm	Page maker文档	rtf	富文本格式文档
tif	图像文件	tmp	临时文件
ttf	True Type字体文件	txt	文本文件
wav	声音文件	wri	写字板文件
xls	Excel表格文件	zip	ZIP压缩文件

2. 认识文件夹

文件夹是对文件进行归类管理的一种方式，用户可将不同文件存放在不同的文件夹中。

在Windows操作系统中，无论是文件还是文件夹都存放在各个磁盘分区中。如下图所示，文件夹可以多嵌套，就是说一个文件夹里面可以存放若干个子文件夹，子文件夹里还可以包含若干个下级文件夹。通过文件夹的嵌套可以对文件进行更细化地分类。

5.1.2 查看文件与文件夹

了解了文件、文件夹的概念后，来学习如何查看文件与文件夹，具体方法如下。

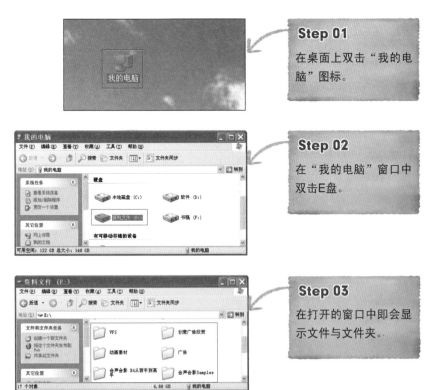

Step 01
在桌面上双击"我的电脑"图标。

Step 02
在"我的电脑"窗口中双击E盘。

Step 03
在打开的窗口中即会显示文件与文件夹。

5.1.3 调整文件与文件夹的查看方式

在Windows XP操作系统中，用户可选择不同的浏览方式来查看文件与文件夹，主要包括"缩略图"、"平铺"、"图标"、"列表"、"详细信息"5种显示方式。改变浏览方式的方法如下。

光盘同步文件
同步视频文件：光盘\视频教学\第5章\5-1-3.mp4

方法

在窗口中，❶单击工具栏中的"查看"按钮 ，❷在弹出的下拉列表中选择一种方式即可，如"列表"。

5.1.4 新建文件夹

文件夹用于分类存放文件，用户在管理电脑中的文件时可以根据需要新建文件夹。

光盘同步文件
同步视频文件：光盘\视频教学\第5章\5-1-4.mp4

Step 01

在窗口中，❶单击"文件"菜单；❷单击"新建"→"文件夹"命令。

Step 02

此时，即创建了一个文件夹，文件夹的名称处于可编辑状态，直接输入名称即可。

5.1.5 选择文件或文件夹

在日常操作中，一般会遇到4种选择文件或文件夹的情况，下面分别进行介绍。

- 选择单个文件或文件夹：方法很简单，只需用鼠标单击要选择的文件或文件夹即可。
- 选择连续的文件或文件夹：鼠标在相应位置进行拖动，此时会显示一个矩形虚线框，矩形框所覆盖区域中所有的对象都会被选中。
- 选择不连续的文件或文件夹：按住Ctrl键，同时单击要选择的文件或文件夹即可。
- 选择全部文件或文件夹：在当前窗口中，按Ctrl+A组合键即可选中所有对象。

5.1.6 复制或移动文件/文件夹

移动或复制文件（夹）是管理电脑文件较常用的操作，其中复制用于创建新的文件或文件夹的副本，移动则是将文件或文件夹从一个位置移动到其他位置。

光盘同步文件
同步视频文件：光盘\视频教学\第5章\5-1-6.mp4

1. 复制文件（夹）

复制操作可以将一个文件（夹）变为两个或更多的相同文件（夹），方法如下。

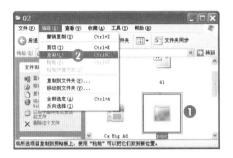

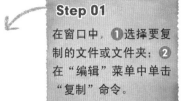

Step 01

在窗口中，❶选择要复制的文件或文件夹；❷在"编辑"菜单中单击"复制"命令。

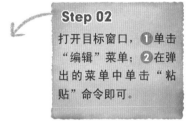

Step 02

打开目标窗口，❶单击"编辑"菜单；❷在弹出的菜单中单击"粘贴"命令即可。

2. 移动文件（夹）

移动文件（夹），就是将文件（夹）从存放位置移动到目标位置，一般用于调整或管理存放位置有误的文件或文件夹，方法如下。

Step 01

在窗口中，❶选择要移动的文件或文件夹；❷在"编辑"菜单中单击"剪切"命令。

Step 02

打开目标窗口，❶单击"编辑"菜单；❷在弹出的菜单中单击"粘贴"按钮即可。

5.1.7 重命名文件或文件夹

重命名就是将现有的文件或文件夹名称进行更改，便于用户对文件或文件夹分类管理，方法如下。

 光盘同步文件
同步视频文件：光盘\视频教学\第5章\5-1-7.mp4

方法

选中要重命名的文件或文件夹，在其名称上单击，对象名称变为编辑状态，直接输入新名称，然后按Enter键即可。

5.1.8 删除文件或文件夹

删除文件或文件夹是经常用到的电脑操作之一，将不需要的文件或文件夹删除，便于对文件资料的管理，有利于节省电脑的存储空间，方法如下。

 光盘同步文件
同步视频文件：光盘\视频教学\第5章\5-1-8.mp4

Step 01

在窗口中，❶选择要删除的文件或文件夹；❷在"文件"菜单中单击"删除"命令。

Step 02

打开"确认文件删除"对话框，单击"是"按钮，即可删除文件。

5.2 悟净：会装软件是重点

这天下课后，师徒四人坐在一起，针对各位学员的特点，开起了经验交流会……

 "我看太白金星搞破坏的潜力很大嘛！"

"是啊，真是人不可貌相，看他老好人一个，怎么对电脑这么大仇呢。"

 "凡事要从两面来看嘛，太白秘书长对我们学校的创收贡献还是很大的。"

"那倒是，就他缴的赔偿金多。"

 "悟净，你去教他安装软件吧，会装软件就更能折腾了。"

5.2.1 安装需要的软件

一般来说，无论是系统软件还是应用软件，都必须安装以后才能使用，当然也有一些绿色软件，无需安装即可直接使用。

软件的安装方法都很相似，只是个别的安装界面有所区别，用户只要掌握一般的安装方法即可。下面以安装"PPTV网络电视"为例，介绍其安装方法

 光盘同步文件
同步视频文件：光盘\视频教学\第5章\5-2-1.mp4

Step 01

打开"PPTV网络电视"安装程序所在位置，双击该程序即可开始安装。

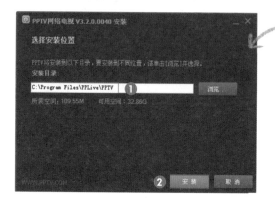

Step 02

在打开的窗口中，❶设置程序的安装目录；❷单击"安装"按钮。

Step 03

此时，即开始安装，稍等片刻即可。

Step 04

❶根据需要选中相应复选框；❷单击"完成"按钮即可。

5.2.2 卸载不需要的软件

大多数软件在安装完成后，都会在系统中注册相应的卸载程序，以便用户卸载该软件，只需双击卸载程序就可以将相应的软件卸载，对于没有卸载程序的软件，可通过控制面板来卸载。下面讲解通过控制面板卸载软件的方法。

光盘同步文件
同步视频文件：光盘\视频教学\第5章\5-2-2.mp4

Step 01

打开"控制面板"窗口，在经典视图中双击"添加或删除程序"图标。

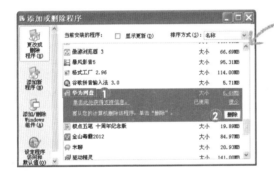

Step 02

在打开的窗口中，❶选中需要删除的程序；❷单击"删除"按钮。

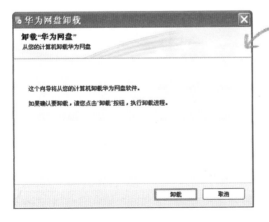

Step 03

在打开的对话框中，单击"卸载"按钮即可开始卸载。

Step 04

卸载完成后，单击"完成"按钮即可。

5.2.3 添加系统组件程序

Windows操作系统允许用户对部分组件进行配置，用户可根据需要添加或删除组件，具体操作方法如下。

光盘同步文件
同步视频文件：光盘\视频教学\第5章\5-2-3.mp4

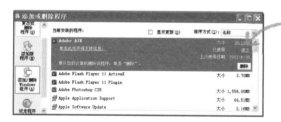

Step 01

打开"添加或删除程序"窗口，单击"添加/删除Window组件"选项。

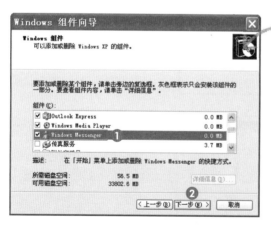

Step 02

在打开的对话框中，❶选中需要添加或删除的组件；❷单击"下一步"按钮。

Step 03

在打开的对话框中，单击"完成"按钮即可。

5.3 太白金星乱动硬件引故障

5.3.1 认识硬件驱动程序

其实，太白金星只是错装了声卡的驱动程序。驱动程序是一种可以使电脑和设备通信的特殊程序，它是直接工作在各种硬件设备上的软件，负责将指令传达给硬件，使其正常工作。

在电脑的"设备管理器"窗口中会显示所有的硬件设备。如果电脑中的驱动程序全部安装正确，则会正常显示硬件列表。如果有某一硬件驱动安装不正确，则会在该硬件列表中显示一个问号，提醒用户注意，如右图所示。

5.3.2 添加即插即用设备

Windows 中集成了绝大多数主流硬件的驱动程序，对于多数硬件都可以自动识别并安装驱动程序。Windows 在自动安装硬件过程中，会在任务栏的通知区域显示硬件驱动程序的安装状态。下面以插入U盘为例进行介绍。

光盘同步文件
同步视频文件：光盘\视频教学\第5章\5-3-2.mp4

Step 01

将U盘插入电脑的USB接口，此时通知区域即会提示"发现新硬件"字样。

Step 02

稍等片刻，通知区域又会提示"新硬件已安装并可以使用了"字样，此时用户就可以对U盘正常操作了。

5.3.3 查看与管理硬件驱动

通过"设备管理器"窗口，用户还可对安装的驱动程序进行查看和相应的管理操作，如更新驱动程序、卸载等，具体操作方法如下。

光盘同步文件
同步视频文件：光盘\视频教学\第5章\5-3-3.mp4

Step 01

右击"我的电脑"图标，在弹出的快捷菜单中单击"属性"命令，在打开的对话框中切换到"硬件"选项卡，单击"设备管理器"按钮。

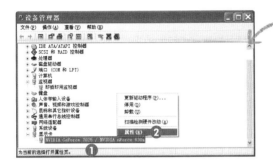

Step 02

在打开的窗口中，❶右击需要查看的硬件；❷在弹出的快捷菜单中单击"属性"命令。

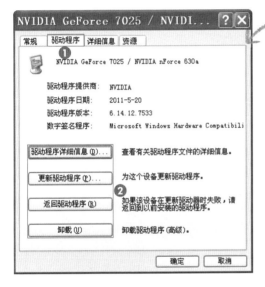

Step 03

在打开的对话框中，❶单击"驱动程序"选项卡；❷在此对话框中即可查看驱动程序信息，也可单击相应按钮进行更新和卸载操作。

秘技偷偷报——文件与文件夹的高级管理

"太上老君记忆力太差了，连自己画的丹符都忘记存哪了。"

"不会吧，他记忆力好着呢，到现在还记得我偷吃过他的金丹呢。"

"那是你给他造成的创伤太大了。"

"那不怪我，是他金丹味道甜，你知道我喜欢吃甜的……"

"……少废话，快帮他把文件找回来！" ☹

光盘同步文件
同步视频文件：光盘\视频教学\第5章\秘技偷偷报.mp4

01 快速搜索文件或文件夹

随着电脑中文件与文件夹的不断增多，用户在查找需要的文件时就变得越来越困难，尤其是太上老君这样的中老年人，往往会忘记文件的存储位置。此时可以通过Windows 提供的快速搜索功能在电脑中搜索需要的文件或文件夹，具体操作方法如下。

Step 01

单击"开始"按钮，在开始菜单中单击"搜索"命令。在打开的"搜索结果"窗口中选择搜索类型，如单击"图片、音乐或视频"链接。

Step 02

在打开的窗口中，❶选中相应选项，如选中"图片和相片"复选框；❷在文本框中输入文件名；❸单击"搜索"按钮即可。

Step 03

此时，在窗口中即会显示一些相关的搜索结果，所有与关键词相关联的文件或文件夹都会被找到并显示出来。

02 文件压缩与提取

Windows XP操作系统提供了文件和文件夹的压缩与提取功能，通过压缩文件或文件夹，可以有效减小文件与文件夹的大小，节省磁盘空间。压缩方法如下。

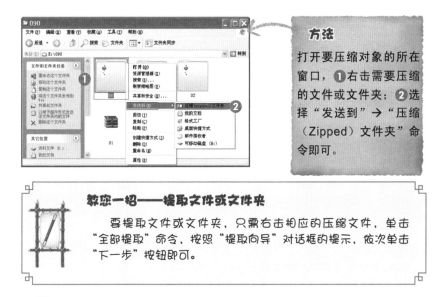

方法

打开要压缩对象的所在窗口，❶右击需要压缩的文件或文件夹；❷选择"发送到"→"压缩（Zipped）文件夹"命令即可。

教您一招——提取文件或文件夹

要提取文件或文件夹，只需右击相应的压缩文件，单击"全部提取"命令，按照"提取向导"对话框的提示，依次单击"下一步"按钮即可。

03 把重要的文件或文件夹隐藏起来

用户可根据需要将重要的文件或文件夹隐藏起来，使其不在窗口中显示，具体操作方法如下。

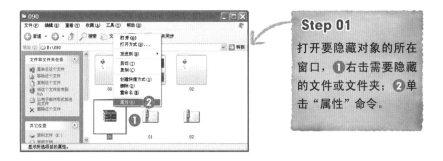

Step 01

打开要隐藏对象的所在窗口，❶右击需要隐藏的文件或文件夹；❷单击"属性"命令。

Step 02

在打开的对话框中，选中"隐藏"复选框，单击"确定"按钮即可。

友情提示

若要查看已隐藏的文件或文件夹，可选择"工具"→"文件夹"命令，在"查看"选项卡中，选中"显示所有文件和文件夹"单选按钮。

04 显示文件的扩展名

在Windows XP操作系统中默认是不显示已知文件的扩展名的，为了便于快速识别文件的类型，用户可以通过下面方法显示文件的扩展名。

Step 01

在窗口中，选择"工具"→"文件夹选项"命令。

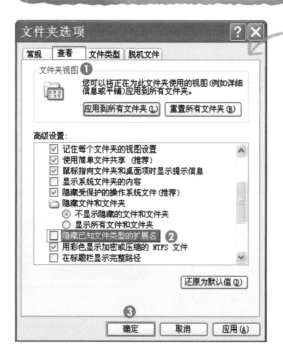

Step 02

打开"文件夹选项"对话框，❶单击"查看"选项卡；❷在"高级设置"列表框中取消"隐藏已知文件类型的扩展名"复选框的选择；❸单击"确定"按钮即可。

Windows XP是一个多用户操作系统，支持多个用户在同一台电脑上操作，为了避免用户之间的文件混淆，它要求每个用户在系统中创建单独的Windows账户。用户可在Windows中创建账户、设置账户密码和删除账户等操作。

- 创建账户

在控制面板中双击"用户账户"图标，打开"用户账户"窗口。单击"创建一个新账户"链接即可创建一个新账户，如下图所示。在创建过程中，需要用户填写账户名称和选择账户类型。

- 设置账户密码

单击相应的账户图标，即可进入该账户的操作窗口，在该窗口中，单击"创建密码"链接，如下图所示。用户可创建一个账户密码，以保障自己的账户安全。

- 删除账户

删除账户的前提是当前账户必须为计算机管理员，同时要删除的账户不是当前账户，也就是账户自己无法删除自己。单击相应的账户图标，并单击"删除账户"链接，即可将账户删除。

06 手上学习资料少
唐僧秘传上网找

话说唐僧师徒刚开始办电脑培训班，对中老年人的兴趣爱好也摸不太透，下一步的培训方向有些不明朗了，师徒们聚在一起商议。

"悟空你给说说，接下来给这群中老年人培训什么好呢？"

"我也不太清楚，😊要不咱上互联网上查查，看别人都是怎么给中老年人培训的吧。"

"……唉，上网……😕对！接下来就培训上网操作。"

"师傅，猴哥这主意还真的不错，咱给培训班连上互联网，每个月还能让那帮老学员贡献点网费。" 😊

"对头对头。"

互联网已经成为我们日常生活中不可替代的一种工具。将电脑和Internet连接，可体验到网络所带来的诸多益处。本章将详细讲解将电脑接入互联网和使用浏览器浏览网页的具体方法。

6.1 众仙要接互联网，唐僧自荐钱不忘

唐僧决定在培训班里连接互联网，但需要有人先去给那帮老仙们普及一下网络知识。

"八戒，你想发财吗？你想交桃花运吗？你想升职吗？你想一夜成名吗？你想永葆青春吗？"

"恩，恩，恩，恩，恩！"八戒连连点头。

"……不要瞎想了，好好努力吧！你先去给学员们普及一下网络知识，最好讲得生动一些，这样他们才愿意掏钱出来。"

"师父，要是他们让降价呢？"

"那你就说这年头猪都涨价，还要我们降价？不可能！"

"……唉！要不是为挣钱，这脸要来做什么……"

6.1.1 中老年人上网能够做什么

互联网是一个非常精彩的世界，在80后、90后玩转网络之时，一部分中老年人也不甘示弱，掀起了"上网热"，上网已经成为他们消遣的新方式。下面就来看看中老年人上网都能做些什么。

1.第一时间知晓天下事

中老年朋友通过网络足不出户就可查看各种新闻，且可以获得比报纸、电视和广播等其他渠道更加丰富、及时的各种信息。只要打开连接了互联网的电脑，铺天盖地的新闻就会自动弹出来，下页左图所示为QQ聊天软件登录时自动弹出的新闻窗口。在有突发新闻时，QQ还会在屏幕右下角弹出下页右图所示的小窗口，第一时间通报给大家。

2. 网络查询便捷生活

要查看错过的新闻内容？可爱的孙儿经常夜哭是怎么回事？约上一帮爱乐逍遥的朋友去什么地方旅游？血压又高了，该如何调节？什么才是中老年人投资理财的好途径……这些形形色色的问题，相信困扰过不少中老年朋友，但通过互联网的在线搜索和查询功能就能轻松得到问题的答案。左下图所示为使用百度搜索引擎搜索"奥运会"的结果页面，右下图所示为在39健康网搜索"高血压"的结果页面。

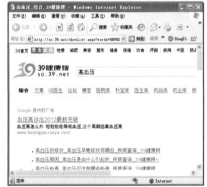

3. 聊天交友排遣孤独

人到中老年阶段，退休赋闲，事情少了，时间多了，而子女们又都忙于自己的工作，没时间陪伴身边，难免会产生寂寞。电子邮件、即时通讯软件和社交软件等为排遣中老年人的孤独提供了很好的平台，是中老年人的福音。

加入到互联网，中老年人可以跨越地域的限制，轻松与身在其他省份的老同学、老朋友、老战友聊天，唠叨唠叨自己的近况、身边发生的一些新鲜事；也可以在网上找到志同道合的新朋友，一起聊聊学习书法的心得、探讨养生的秘诀等。下图所示为使用QQ视频聊天的画面。

4. 轻松健脑网上娱乐

网络提供了丰富多彩的娱乐游戏，中老年朋友可以在网上收听喜好的音乐、相声，时不时跟着来上一段；也可以搜索年轻时流行的电影或地方戏曲，休闲之余找寻一种怀旧的感动；"棋瘾"犯了？上网切磋切磋，不愁找不到对手；还可以和年轻人一样在网上开辟属于自己的农场，当一个时尚的"老菜农"……

左下图所示为通过互联网收听戏曲的界面，右下图所示为在网上玩象棋游戏的界面。

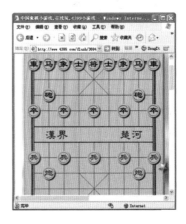

友情提示

当然，互联网的用途远不止这些。其他的一些用途，中老年朋友们在学会上网之后自己还可以慢慢去领略。总之，只要利用好网络，网络就会让中老年朋友的生活更加便捷，更加丰富多彩。

6.1.2 选择合适的上网方式

八戒用一口流利的川普向培训班的学员们隆重介绍了互联网的各种好处后，众仙们个个跃跃欲试，催促着唐僧快在培训班里连接互联网。托塔天王等人还想在自己家里也连上互联网，于是八戒又给他们培训了目前将电脑接入互联网的几种方式，以便他们选择适合自己的接入方式。

1. ADSL拨号上网

ADSL拨号上网是目前主流的上网方式，只需在用户现有电话线上加装一个ADSL Modem和一个语音分离器，无需穿墙打洞或改动用户线路就可实现宽带上网。ADSL可以在拨打电话的同时进行ADSL传输而又互不影响。ADSL接入Internet的示意图如下图所示。

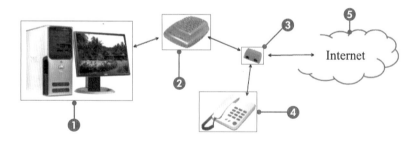

❶ 电脑：用于上网的电脑，也可以是连接多台电脑的宽带路由器

❷ ADSL Modem：用于拨号上网的设备，俗称"猫"

❸ 语音分离器：用于分离话音信号和上网信号，以免相互干扰

❹ 电话：与ADSL共用一条线路的电话

❺ 互联网：丰富多彩的网络世界

ADSL提供的一般带宽为512KB～8MB，覆盖面广、运行稳定且速度快。安装ADSL宽带时，需要先安装固定电话，然后通过电话线搭载宽带。目前提供ADSL服务的有电信、联通、移动等服务商。

2.社区宽带连接上网

社区宽带是目前比较流行的宽带接入方式。它通过在社区内架设机房，形成"社区局域网"，再将社区用户连入Internet。这种方式上网非常简便，无需单独安装固定电话，用户向网络运营商申请开通就会有专人来铺设线路，用户只需直接接入网线并连接电脑就可以接入互联网了。

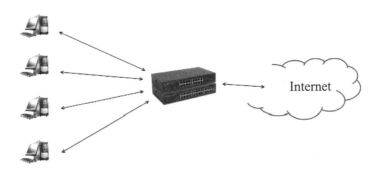

友情提示

社区宽带提供的带宽一般为1～8MB之间，在申请时只要选择相应的带宽即可。相对于ADSL，社区宽带初装费用和使用费用都比较低，但网速以及稳定性略差。目前提供社区宽带的服务商有电信、长城宽带、方正宽带、蓝波万维等，且不同地区的社区宽带运营商也有所不同。

3.无线上网

无线网络使用无线电波作为数据传送的媒介。随着手机、平板电脑等便携智能设备的普及，对于这类用户，使用无线上网可以摆脱有线的束缚，实现随时随地连上互联网，获取信息、联系朋友非常方便。因此，现在已经有越来越多的用户开始采用无线上网方式。目前，无线上网主要有以下两种形式。

2G/3G无线上网

这是通过手机上网的一种方式。2G速度很慢，通常只在手机上使用，3G速度很快，不仅可以在手机上使用，电脑也可以通过转换器（如3G上网卡或3G路由器）使用3G上网。只要有3G信号的地方，就可以畅游网络。

Wi-Fi上网

Wi-Fi上网是一种非常便捷的上网方式，我们常常看到一些年轻人在咖啡厅、肯德基等公共场合边喝咖啡、吃点心边上网，感觉非常时尚，他们使用的就是Wi-Fi上网。Wi-Fi上网时，需要便携智能设备中配备有无线网卡并安装了附带的无线网卡驱动程序，然后通过无线网卡登录到"热点"中，经过热点设备的转接就可以访问互联网了。

友情提示

无线热点是指能够以免费或付费的方式获得Wi-Fi服务的地点。无线网络主要通过无线路由器来搭建，任何人或组织都可以建立起自己的无线网络，网络覆盖范围即为热点。在我国，移动、联通和电信建立了很多热点区域，只需缴费即可使用。

6.1.3 建立ADSL宽带连接

中老年朋友如果要在家里上网，可根据上一节介绍的内容选择适合自己的上网方式，然后进行连接。由于目前ADSL宽带上网是最常用的上网方式，因此，本节以该方式为例，讲解将电脑连入互联网的方法。

光盘同步文件
同步视频文件：光盘\视频教学\第6章\6-1-3.mp4

1. 申请ADSL服务

使用ADSL接入网络之前需要先向服务商申请账号，用户只需携带电话机主的身份证直接到受理ADSL业务的服务商处（如中国电信、中国联通等）申请即可。

2. 连接ADSL硬件

　　ADSL业务申请成功后，网络提供商会派工作人员上门安装硬件并配置好拨号网络。如果在使用过程中更换了设备（如添加了路由器或更换了新的Modem），需要重新连接ADSL设备，具体方法如下。

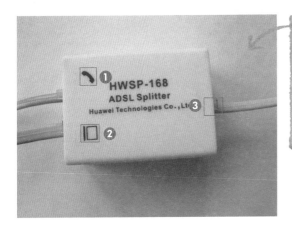

Step 01

取出语音分离器，❶插入连接电话的线缆；❷插入连接Modem的线缆；❸插入电话线的入户线。

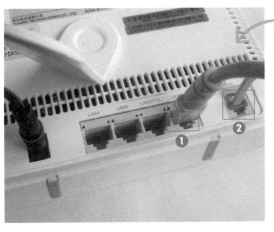

Step 02

取出Modem，❶将连接电脑的线缆插入到LAN接口；❷将连接语音分离器的线缆插入到Line接口。

3. 建立拨号连接

　　连接ADSL硬件设备并重新启动电脑后，Windows XP会自动为其安装驱动程序。当提示设备可以正常使用时便可为其创建拨号连接了，具体方法如下。

Step 01

❶单击"开始"按钮；
❷在弹出的菜单中单击
"所有程序"→"附
件"→"通讯"→"新
建连接向导"命令。

Step 02

打开"新建连接向导"
对话框，单击"下一
步"按钮。

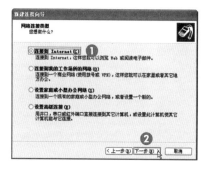

Step 03

❶在打开的对话框中选
中"连接到Internet"
单选按钮；❷单击"下
一步"按钮。

Step 04

❶在打开的对话框中选
中"手动设置我的连
接"单选按钮；❷单击
"下一步"按钮。

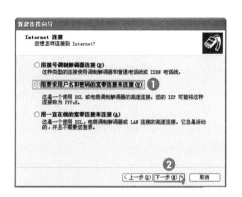

❶在打开的对话框中选中"用要求用户名和密码的宽带连接来连接"单选按钮；❷单击"下一步"按钮。

友情提示

如果您是通过社区宽带连接上网，应在对话框中选中"用一直在线的宽带连接来连接"单选按钮。

Step 06

❶在"ISP名称"文本框中输入提供连接的名称；❷单击"下一步"按钮。

Step 07

❶在"用户名"文本框中输入网络提供商提供的用户名；❷在"密码"文本框中输入密码；❸在"确认密码"文本框中再次输入密码；❹单击"下一步"按钮。

Step 08

❶选中"在我的桌面上添加一个到此连接的快捷方式"复选框；❷单击"完成"按钮。

Step 09

经过以上操作，完成了拨号连接的创建，系统自动打开拨号连接的对话框。

4. 使用拨号连接

创建好拨号连接后，需要上网时便可通过它来连入互联网，具体方法如下。

Step 01

双击桌面上创建的网络连接的快捷方式图标。

Step 02

打开拨号连接对话框，系统自动填写用户名，❶在"密码"文本框中输入密码；❷选中"为下面用户保存用户名和密码"复选框；❸单击"连接"按钮。

Step 03

系统开始连接网络，并打开正在连接的提示对话框。等待片刻，待连接成功后将自动关闭该对话框，并在任务栏的提示区中出现不断闪烁的图标，此时即可访问互联网了。

教您一招——断开网络的方法

在不需上网时，可断开连接。具体方法如下。

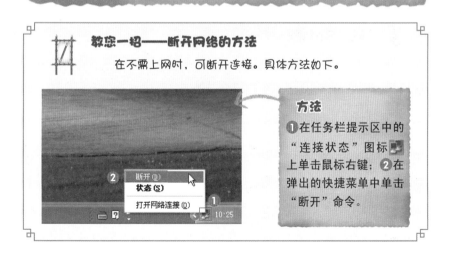

方法

❶在任务栏提示区中的"连接状态"图标上单击鼠标右键；❷在弹出的快捷菜单中单击"断开"命令。

6.2 上网莫着急，先开浏览器

电脑培训班连接网络后，悟空和八戒等人在一起商议着先教众仙学习什么。

"我觉得可以让他们玩玩网络游戏《西游记新传》，其中的七戒是主角，一路过关斩将，豪气冲天☺。孙小圣处处惹事，天天都要讨好七戒，玩起来特过瘾。"

"去去去，就你那傻样也就只能在游戏里做梦当豪杰。"

"大师兄，二师兄，要不咱先教他们使用博客，可以在博客上连载写自传。这年月，哪个名人不写点自传吹嘘吹嘘自己？我们就以《八戒那些年追的女孩》为题目教他们……哈哈哈哈。"☺

"沙师弟，你做人不厚道喔！"

"莫着急，莫着急。他们都还不知道什么是浏览器呢，可不能还未学会走就开始跑了。"

6.2.1 认识IE浏览器

上网最基本的操作就是浏览网上丰富的信息，这也是进行其他上网操作的必备技能，而这个引导您体验网络的"导游"就是IE浏览器。因此，了解浏览器的界面组成就非常重要了。

👑 **友情提示**

浏览器的种类很多，目前最常用的浏览器软件有Microsoft（微软）公司的Internet Explorer浏览器（简称IE）、360安全浏览器、火狐浏览器、傲游浏览器等。由于Windows操作系统自带的浏览器为IE浏览器，使用最广泛的也是IE浏览器，因此本书以IE浏览器为例，介绍与浏览器有关的知识。

当电脑安装好Windows操作系统后，IE浏览器会自动安装好，并在桌面上显示相应的桌面快捷方式图标 。当我们要打开IE浏览器时，直接双击该桌面快捷方式图标即可。IE浏览器的界面组成如下图所示。

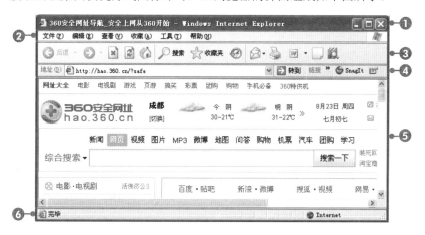

❶ 标题栏：显示当前打开网页的名称，右侧是窗口控制按钮

❷ 菜单栏：包括6个菜单项，选择各菜单项下的命令可以进行相关的操作

❸ 工具栏：其中列出了在浏览网页时最常用的工具按钮，利用它们可以辅助上网

❹ 地址栏：用于显示当前打开网页的地址（即网址）

❺ 浏览区：是IE浏览器中最重要的区域，它显示了访问的网页的所有信息

❻ 状态栏：用于实时显示当前的操作和下载Web页面的进度情况。如果正在打开网页，还会显示网站打开的进度信息

6.2.2 打开IE浏览器登录网站

中老年朋友学上网，首先要学会如何在浏览器中打开网站，只有打开网站后才能浏览网站中的内容。例如，在浏览器中打开"新浪网"的具体方法如下。

 光盘同步文件
同步视频文件：光盘\视频教学\第6章\6-2-2.mp4

Step 01

打开IE浏览器，❶在地址栏中输入要打开网页的网址，如"ｗｗｗ．sina.com.cn"；❷单击"转到"按钮或按Enter键。

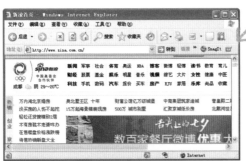

Step 02

经过上步操作，浏览器通过识别地址栏中的信息，可以正确链接到要访问的网页。

6.2.3 如何浏览网上相关信息

网页中有些文字或对象具有超链接属性，当鼠标指针停留在其上时会变成 形状，单击该对象会自动跳转到该链接指向的网址。例如，在"新浪网"查看要闻的具体方法如下。

光盘同步文件
同步视频文件：光盘\视频教学\第6章\6-2-3.mp4

Step 01

打开新浪网主页，单击页面上方的"新闻"超链接。

Step 02

单击"中纪委官员：腐
败和反腐败正处相持阶
段"超链接。

Step 03

经过以上操作，即可打
开相应的网页查看其中
的内容。

教您一招——常用网页操作方法

在上网过程中，当网页无法正常显示时单击工具栏中的"刷
新"按钮，即可重新进入当前显示的网页内容；单击"主页"
按钮，可快速打开浏览器默认的首页。单击"后退"按钮，
可返回同一IE浏览器窗口中的前一个访问过的网页；同时，"前
进"按钮将处于可用状态，它的作用与"后退"按钮相反，即
前进到返回之前的网页。

6.3 神仙上网也受限，先存再看

自从教会学员们如何上网以后，他们如获珍宝，整天都在网上
看自己感兴趣的内容，导致网速是一落千丈。

"八戒，你有什么不开心的事？说出来大家
开心一下。" 😊

"师父！人家想和媳妇视频聊天😊，可你看培训班里现在的网速比乌龟还慢，根本就连不上，弄得翠兰都怀疑我没正经上班，有外遇了……"

"就是就是，我看托塔天王天天看网络小说，太白金星经常在网上搜美女图片。唉！他们怎么就不明白'纯，属虚构，乱，是佳人'啊。"

"师父，你可得想办法控制一下局面了。"

"那为师就教他们保存网页信息吧，让他们以后都先将内容保存到电脑中再慢慢看，别老占着网络。"

6.3.1 保存网上的文字信息

部分中老年人喜欢收集文字片段，当在网上看到自己需要的文字资料时，可以将这些资料内容保存到自己的电脑中。保存网上的文字资料需要借助相关的文本编辑软件，如记事本、写字板、Word等软件，其方法就是将网上的文字内容复制到文本编辑软件中，具体方法如下。

光盘同步文件
同步视频文件：光盘\视频教学\第6章\6-3-1.mp4

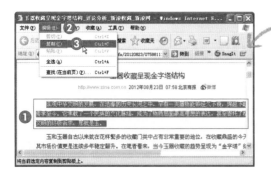

Step 01

❶在网页中选择要保存到电脑中的文本内容；
❷单击"编辑"菜单；
❸在弹出的菜单中单击"复制"命令。

6.3.2 保存网上的图片信息

互联网上有着丰富多彩的图片, 当看到需要的图片时, 还可将图片保存在自己的电脑中, 具体方法如下。

光盘同步文件
同步视频文件: 光盘\视频教学\第6章\6-3-2.mp4

Step 01

❶在需要保存的图片上单击右键; ❷在弹出的快捷菜单中单击"图片另存为"命令。

Step 02

打开"保存图片"对话框, ❶在"保存在"下拉列表框中选择图片要保存的位置; ❷在"文件名"文本框中输入文件的保存名称; ❸单击"保存"按钮。

6.3.3 保存整个网页信息

在浏览网页时，如果看到有自己感兴趣或是需要的网页内容时，可以将该网页保存到电脑中，方便以后随时查看整个网页的信息，即使电脑没连接网络也可以对网页进行查看。保存整个网页的具体方法如下。

光盘同步文件
同步视频文件：光盘\视频教学\第6章\6-3-3.mp4

Step 01

❶ 单击"文件"菜单；
❷ 在弹出的菜单中单击"另存为"命令。

Step 02

❶ 设置网页的保存位置；❷ 输入文件的名称；❸ 设置文件的保存类型；❹ 单击"保存"按钮。

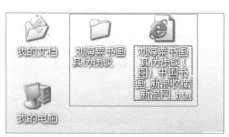

Step 03

经过以上操作，网页文件即存放到设置的网页保存位置了。

友情提示

在保存网页时设置保存类型为"文本文件"，可以保存网页中的所有文本内容。

6.4 悟净心眼好，浏览不烦恼

太白金星前两天发现一个非常感兴趣的网页，可惜没有保存。他整天唉声叹气要唐僧他们帮忙找回来。

 >_< "唉……不是我说你，老星啊，我们都已经教了保存网页的方法了，你这记忆力又不好，忘记了网页名称的前一半，只记住后半截……'网'，这……这让我们怎么帮你找啊？"

"我听说有一种药对改善记忆很有帮助，说不定老星吃了就能想起来了。"

 "那药叫什么名字？"

"唔，我记得是叫什么胶囊来着，前半截名字忘记了。啊哈哈哈……"

 "二师兄……"

"悟净，你心眼好，去教教他们网页的其他操作吧，避免以后浏览网页又出现烦恼。"

6.4.1 通过历史记录查看最近打开的网页

IE浏览器具有历史记录功能，该功能会自动记录最近一段时间内浏览过的网址，通过它可以快速打开曾经浏览过的网页。例如，要快速打开浏览过的"中国中老年健康教育网"，具体方法如下。

光盘同步文件
同步视频文件：光盘\视频教学\第6章\6-4-1.mp4

Step 01

❶ 单击"查看"菜单；
❷ 在弹出的菜单中单击
"浏览器栏"命令；❸
在下一级菜单中单击
"历史记录"命令。

Step 02

显示"历史记录"任务
窗格，❶ 单击对应的时
间图标；❷ 在展开的网
页地址中单击要查看的
网页记录，即可在浏览
区显示该网页的内容。

友情提示

单击"历史记录"任务窗格左上角的"查看"按钮，在弹出
的下拉列表中还可以选择用其他方式来排列历史记录列表，如按站
点、访问次数或访问顺序进行排列等。

6.4.2 收藏常用的网站

中老年朋友在浏览相关网站时，若觉得某些网站对自己有用，并且
以后经常需要访问，那么就可以将这些网站收藏起来。例如，收藏"中
国中老年健康教育网"的具体操作方法如下。

光盘同步文件
同步视频文件：光盘\视频教学\第6章\6-4-2.mp4

Step 01

❶打开"中国中老年健康教育网"主页；❷单击"收藏"菜单；❸在弹出的菜单中单击"添加到收藏夹"命令。

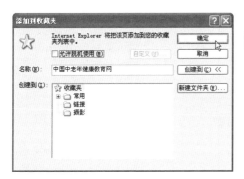

Step 02

打开"添加到收藏夹"对话框，单击"确定"按钮。

Step 03

以后在浏览网页时，❶单击"收藏"菜单；❷在弹出的菜单中单击收藏的网页命令即可打开相应的网页。

友情提示

收藏网页时，最好在"添加到收藏夹"对话框的"名称"文本框中输入易记忆的网页名称。

6.4.3 让IE自动登录自己要访问的网站

如果经常需要访问某个网页，可以将该网页设为IE浏览器的主页，这样以后启动IE浏览器时就会自动打开该网页，从而提高访问速度。例如，将"百度"设置为IE浏览器的主页的具体方法如下。

光盘同步文件
同步视频文件：光盘\视频教学\第6章\6-4-3.mp4

Step 01

❶打开要作为主页的"百度"网页；❷单击"工具"菜单；❸在弹出的菜单中单击"Internet选项"命令。

Step 02

打开"Internet选项"对话框的"常规"选项卡，❶单击"主页"选项组中的"使用当前页"按钮；❷单击"确定"按钮。

秘技偷偷报——上网常用小技巧

培训班里的中老神仙们对上网还有一些不明白的地方，唐僧让八戒周末加班给他们培训一下，谁知他竟额外收起费用来。

"幸福是什么？幸福就是猫吃鱼，狗吃肉，众仙都来跟我学上网。"八戒一边乐呵呵地数着收上来的钱，一边念叨着。"😊

"我真的不愿意用脚趾头鄙视你。但兄弟，是你逼我这么做的。"

 "唉……谁说天下乌鸦一般黑？其实一个更比一个黑！"

"师父，话可不能这么说噢。你办培训班赚大钱，我们这些虾米虽然吃不到天鹅，我还不能吃只鸭子么？"

光盘同步文件
同步视频文件：光盘\视频教学\第6章\秘技偷偷报.mp4

01 放大网页文字方便查看

有些中老年朋友的视力不是很好，可能会觉得网页文字太多且在默认情况下文字太小无法看清。为了方便他们浏览网页，可以将网页中的文字设置大一些，具体方法如下。

Step 01

❶ 单击"查看"菜单；
❷ 在弹出的菜单中单击"文字大小"命令；❸ 在下一级菜单中单击所需文字显示大小，如"最大"。

 友情提示

通过第一步的设置后，可以改变部分网页中文字的大小。如果网页中的字体大小没有变化，则继续进行后面的操作。

Step 02

❶ 单击"工具"菜单；
❷ 在弹出的菜单中选择
"Internet选项"命令。

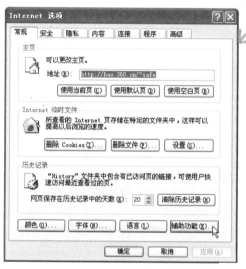

Step 03

打开"Internet选项"
对话框的"常规"选项
卡，单击"辅助功能"
按钮。

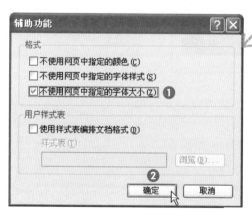

Step 04

打开"辅助功能"对话
框，❶选择"不使用网
页中指定的字体大小"
复选框；❷单击"确
定"按钮。

Step 05

返回"Internet选项"对话框，单击"确定"按钮。

Step 06

经过以上操作，返回网页窗口中即可看到放大的文本内容。

02 整理收藏夹

当收藏夹中收藏的网址越来越多时，就需要对收藏的网址进行分类管理了，以方便访问时快速找到访问对象。如果在收藏网页时放错了文件夹，也可移动其保存位置。下面在收藏夹中创建"中老年生活"文件夹，并用它来收藏相关网址，具体方法如下。

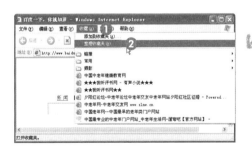

Step 01

❶单击"收藏"菜单；
❷在弹出的菜单中单击"整理收藏夹"命令。

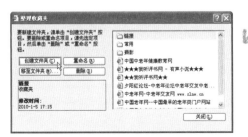

Step 02

打开"整理收藏夹"对话框，单击"创建文件夹"按钮。

Step 03

❶在对话框右侧列表框中将新建一个文件夹，输入文件夹名称；❷拖动需要移动的收藏网址到该文件夹上。

Step 04

经过以上操作，释放鼠标即可将对应的网址移动到新创建的文件夹中。使用相同方法将其他网址移到该文件夹中，完成后单击"关闭"按钮。

Step 05

❶单击"收藏"菜单；❷在菜单中单击"中老年生活"命令；❸在下一级菜单中即可看到收藏到该文件夹下的网址。

03 清理临时文件

访问网页时IE浏览器会自动将网页中的文字和图片等内容保存到本地磁盘的IE临时文件夹中。随着网页浏览量的增加，IE临时文件会越来越多，从而影响系统的运行速度或IE浏览器的运行速度。因此应定期清理临时文件，释放磁盘空间，具体方法如下。

Step 01

❶单击"工具"菜单；❷在弹出的菜单中单击"Internet选项"命令。

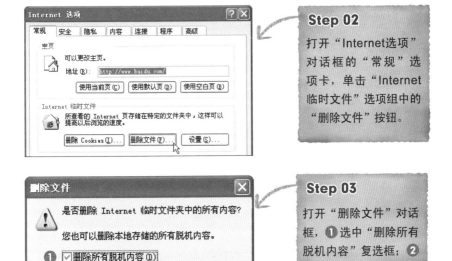

Step 02

打开"Internet选项"
对话框的"常规"选
项卡,单击"Internet
临时文件"选项组中的
"删除文件"按钮。

Step 03

打开"删除文件"对话
框,❶选中"删除所有
脱机内容"复选框;❷
单击"确定"按钮。

04 设置IE上网的安全性

为IE设置安全级别,可以设置控件的运行级别,以抵御恶意脚本对
电脑的危害,具体方法如下。

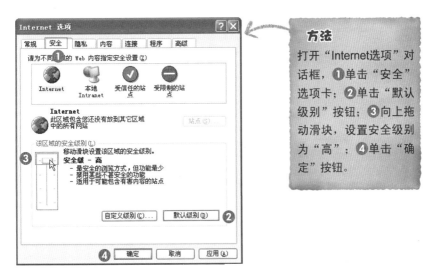

方法

打开"Internet选项"对
话框,❶单击"安全"
选项卡;❷单击"默认
级别"按钮;❸向上拖
动滑块,设置安全级别
为"高";❹单击"确
定"按钮。

据美国加州大学洛杉矶分校的一项研究显示，对于中老年人来说，与阅读书籍相比，网上冲浪更有利于刺激他们的大脑神经，锻炼思维。规律的益智活动对中老年人的记忆和智能也有改善作用。但中老年人在学会上网，接受网络所带来的便捷与精彩的同时，也应该注意健康上网。下面介绍几点实用的健康上网小细节。

- 控制上网时间

网络搜索，手眼并用、互动，而且信息量大，对大脑的刺激强度较大，也锻炼了反应能力，从而有健脑作用。但对于身体素质、健康状况稍弱的中老年人来说，长时间对着电脑屏幕容易对视力和腰椎等产生负面影响，所以中老年人上网应该适当地注意休息，控制时间。

一般中老年人每天上网的时间不宜超过两个小时，并且每隔半个小时最好休息10分钟。起身活动一下腿脚，将自己的视线从屏幕上移开，看看窗外湛蓝的天空、绿色的景物，或者起身为自己泡上一杯香茗。间歇地休息一下，能避免长时间保持坐立所带来的腰椎和颈椎等疾病，也能对视力起到保护作用。

- 注意娱乐适度

网络上的游戏娱乐充满无穷魅力，空闲时间相对较多的中老年人很容易对其着迷。虽然中老年人培养自己的兴趣是一件好事，但凡事都要讲究"度"，如果过于放纵，整天沉迷网上娱乐（玩游戏、打扑克、下棋等）会产生各种综合症，严重地危害心理健康，甚至产生心理障碍，引发心脑血管疾病等。因此，中老年人上网要悠着点，切不可图一时愉快而得不偿失。应当把有规律的脑力活动和体力活动相结合，不要影响日常作息，多与现实中的亲朋好友交流对身心会更有好处。

- 经常为电脑保洁

我们每天在室内使用电脑，一般情况下不会注意到它的卫生问题。其实一段时间后电脑的各个设备都会堆积许多灰尘，在使用电脑的过程中扬起这些不易察觉的灰尘，很可能会影响到呼吸道的健康。另外，这些灰尘上往往携带了很多的细菌，吸入身体也容易引发其他各种疾病，对中老年朋友的身体健康是极大的隐患。因此，在断电的状态下，用拧干的湿布擦拭电脑的显示器、键盘、鼠标等设备，做好电脑的保洁工作，对健康上网是大有裨益的。当然，无论电脑是否干净，都别忘了使用之后洗手。

- 注意防止辐射

辐射容易引发心血管疾病和癌症等多种疾病，这也是部分中老年朋友一直不愿意学习上网的原因。其实，完全不必因噎废食，只要稍加注意防止辐射的小细节，一般是不会有辐射的危险的。电脑的辐射主要在显示器的前方和主机后方，上网时，身体与显示器和主机箱稍微保持一定的距离，就远离了电脑的辐射范围。另外，还可以在显示器前摆上一盆仙人球，不仅美观，而且能有效地吸收电脑释放的辐射。

搜索资源乐开怀
众位神仙忙下载

午后休息时分，唐僧和悟空闲聊起来，提及学员们的学习情况。

"师父，我看学员们今天在网上看资料的热情挺高的，就是通过链接打开什么网页就看什么网页，太盲目了。"

"是的，为师也发现了。所以在临下课时我给他们讲了下百度和Google的好处，下堂课打算给他们讲搜索引擎的使用方法。"

"是吗？难怪太白金星跑来问我你养的是什么品种的狗，还说它比警犬还厉害，不但可以找到任何想要的东西，还可以同时查找多个信息。弄得我一头雾水，原来是他将你说的搜索引擎Google听成真的狗了。"

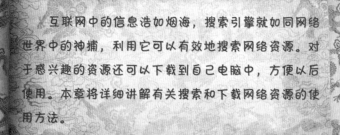

互联网中的信息浩如烟海，搜索引擎就如同网络世界中的神捕，利用它可以有效地搜索网络资源。对于感兴趣的资源还可以下载到自己电脑中，方便以后使用。本章将详细讲解有关搜索和下载网络资源的使用方法。

7.1 唐僧不藏私，百度一搜至

唐僧和悟空在办公室里因为太白金星把Google听成"狗狗"一事笑得前俯后仰的时候，八戒冲了进来。

"师父，师父。刚刚太上老君问我什么是百度。"

"那你给他讲是搜索引擎就对了嘛。"

"我想给他讲来着，可我当时嘴里吃着饭没来得及说。他就直接问我是不是一个人讲了一百个笑话，然后把人家的肚皮笑破了，所以叫百肚？"

"啊！哈哈哈哈……"

"我摇摇头，他继续问我是不是一个人把一个笑话讲了一百遍，然后把人家的肚皮气破了所以叫百肚？"

"啊，哈哈哈哈……八戒，不要说了，我的肚子快被笑破了！师父，你别休息了，赶紧给他们讲讲什么是搜索引擎吧。"

7.1.1 常用的网络搜索引擎

互联网中的信息资源是开放的、共享的，更有许多是免费的。中老年人如果有心想利用自己丰富的休闲时间学习一些自己感兴趣的内容，对知识"更新换代"，只需在网络中找到自己感兴趣的学习资源，就可以很快学到自己想学的知识。但是要在如此巨大的信息资源库中快速找到自己需要的信息，需要掌握一定的技巧。

搜索引擎是最有效的网上资料搜索工具，它的原理就如同在图书馆中利用检索系统查询图书一样，利用它可以寻找任何您想要知道的信息。目前，提供网络搜索服务的搜索引擎有许多，常见的有百度、谷歌、雅虎和搜狗等。下面分别介绍百度和谷歌这两个搜索引擎。

1. 百度

百度是目前全球最大的中文搜索引擎，它拥有世界上最大的中文信息数据库，能够搜索数亿中文网页。而且它的搜索功能非常强大，可以根据互联网本身的链接结构对搜索到的所有网站自动进行分类，并能为每一次搜索迅速提供准确的结果。除了网页搜索服务以外，百度还提供了专门的图片、音乐、地图、视频等搜索服务。此外，还独有百度百科、百度贴吧、百度文库等多元化的咨询交流平台，很受国内用户的欢迎。

在浏览器地址栏中输入百度的首页地址：http://www.baidu.com，然后按Enter键就可进入百度的首页，如下图所示。

❶ **资源类型标签**：此处罗列了一些常用的资源类型的标签，选择相应标签就会搜索对应的资源。百度默认搜索的是网页

❷ **搜索文本框**：供用户输入被搜索资源的信息

❸ **"百度一下"按钮**：用户在搜索文本框中完成输入之后，单击该按钮，就可对百度下达搜索命令

友情提示

百度搜索引擎从外观到内容都很好地考虑了中国人的喜好与习惯。因此，中老年朋友学习使用网络搜索引擎一定不能忽略了百度搜索。

2. Google

Google（谷歌）目前被公认为是全球规模最大、影响最广的搜索引擎，它提供了简单易用的免费搜索服务，用户可以在瞬间得到相关的搜索结果。将谷歌首页的地址http://www. google.com.hk输入到浏览器地址栏中，按Enter键即可进入Google搜索，如下图所示。

❶ 资源类型标签：与百度的标签布局位置不同，但功能是一样的。单击相应标签，搜索的结果将链接到谷歌的对应资源库或平台

❷ 搜索文本框：供用户输入被搜索资源的信息。从外观上看，这个文本框的功能和百度是一样的，但内部的搜索规则却有所差异

❸ "Google搜索"按钮：与"百度一下"按钮的功能和作用一样，单击该按钮就可对Google下达搜索命令

❹ "手气不错"按钮：用来直达所有搜索到的资源中排在第一的资源页面，即直接打开最符合搜索条件的网页

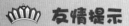

友情提示

在不同的搜索引擎中搜集到的结果也不尽相同，所以当在某个搜索引擎中未能搜索到所需的信息时，可以再在其他搜索引擎进行搜索。

7.1.2 在网上搜索信息

百度、Google这类搜索引擎使用起来都非常简单，方法基本相同。下面以"百度"搜索引擎为例，介绍在网上搜索各类信息的方法。例如，使用百度查找关于"养老保险"最新新闻信息的具体方法如下。

光盘同步文件
同步视频文件：光盘\视频教学\第7章\7-1-2.mp4

Step 01

打开"百度"网的主页，在窗口中单击"新闻"超链接。

Step 02

打开百度新闻页面，❶在搜索文本框中输入要搜索的新闻关键字"养老保险"；❷单击"百度一下"按钮。

Step 03

经过以上操作，即可打开与搜索内容相关的新闻列表页面，单击相应的标题超链接打开具体的新闻页面。

友情提示

关键字是指能代表要搜索的信息的字或词，当用户在搜索引擎中以关键字方式搜寻信息时，搜索引擎就会在数据库中进行全文搜索，如果找到与关键字内容相符合的信息，便会将这些网页链接以列表方式返回给用户。

7.1.3 在网上搜索图片

我们的祖国幅源辽阔、江山如画，具有不少令人心驰神往的旅游胜地。中老年朋友如果要外出游玩，可以先在网上搜索多个景点的相关图片来欣赏，然后选择游玩的目的地。例如，使用百度搜索九寨沟景区的相关图片，具体方法如下。

光盘同步文件
同步视频文件：光盘\视频教学\第7章\7-1-3.mp4

Step 01

❶在百度主页中单击"图片"超链接；❷在搜索文本框中输入要搜索的图片名称，如"九寨沟"；❸单击"百度一下"按钮。

Step 02

经过上步操作，即可打开与搜索内容相关的图片列表网页，单击图片超链接即可放大显示图片。

7.1.4 在网上搜索地图

中老年朋友如果要去不熟悉的地方游玩，可预先在网上搜索该处的电子地图，了解周边的建筑和公交线路。例如，通过百度搜索北京市的电子地图的具体方法如下。

光盘同步文件
同步视频文件：光盘\视频教学\第7章\7-1-4.mp4

Step 01

在百度主页中单击"地图"超链接，打开"百度"地图页面。

Step 02

❶在搜索文本框中输入要搜索的关键字，如"北京市"；❷单击"百度一下"按钮。

Step 03

经讨以上操作，即可打开搜索城市的地图窗口。在查看地图时可以将鼠标放到要查看的地图位置，当鼠标指针变为 形状时，拖动鼠标可以调整地图位置。

教您一招——查看地图的方法

在百度地图窗口的左上角提供了一组控制按钮，单击左上方圆形按钮中的相应按钮，可向左、右、上或下调整地图的显示位置；下方的滑动条上提供了街、市、省、国标签，单击相应的标签可以显示对应的单位地图；单击滑杆的 +、- 按钮或拖动滑块，可以缩放地图。单击地图右上角的"卫星"图标可查看卫星地图，部分城市现在也可以查看三维地图。

7.1.5 在网上搜索生活信息

互联网中蕴藏着极其丰富的图书文献和技术资料，其中的内容包罗万象、应有尽有。对于中老年朋友，可以通过互联网为自己的生活服务。

在日常的网络应用中，可以通过百度搜索引擎快速查找到天气、股票、养生、学习、疾病等方面的信息。

光盘同步文件
同步视频文件：光盘\视频教学\第7章\7-1-5.mp4

1. 查看天气预报

百度支持全国各大中小城市的天气查询，因此可以方便地查看全国各地的天气预报情况。在查询时只需将要查询的城市名称加上"天气"这个词作为关键字，即可获得该城市当天的天气情况。如要查询成都今天的天气情况，具体方法如下。

2. 查看股票信息

现在，很多中老年人朋友都热衷于炒股，对于炒股的人来说，需要定期关注自己购买的股票走势情况。人们再也不用去证券营业厅守候了，通过百度网站就可查询股票信息。例如，要搜索股票代码为600022的"山东钢铁"信息的具体方法如下。

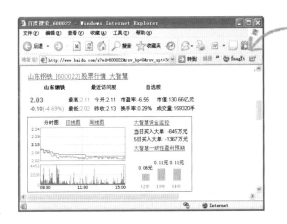

Step 02

经过以上操作，即可打开显示该股票信息的页面，在其中可以查看股票的情况及关于该股票的其他相关信息。

3. 搜索养生信息

网上的养生保健信息非常多，为中老年朋友的生活带来极大的帮助，我们可以随时搜索与生活健康相关的各种信息。例如，要搜索与关键字"健康养生"相关的信息的具体方法如下。

Step 01

打开"百度"网主页，❶在搜索文本框中输入关键字"健康养生"；❷单击"百度一下"按钮。

Step 02

经过上步操作，即可打开健康养生列表，在列表中单击"养生日历"按钮。

Step 03

在页面中将展开"养生日历"界面，并显示出相关内容。

友情提示

中老年朋友还可以在网上查找其他健康养生的信息，如搜索养生的菜谱，然后根据介绍自己制作。

4. 查找学习资料

退下岗位的中老年朋友，对社会的变化十分关注，希望获取其他感兴趣的内容，让自己拥有的知识"更新换代"。例如，部分中老年朋友在退休后开始碧波潭边垂钓。但欠缺钓鱼技术怎么办？不着急，咱们上网搜，具体方法如下。

Step 01

打开"百度"网主页，❶在搜索文本框中输入关键字"钓鱼技巧"；❷单击"百度一下"按钮。

Step 02

经过上步操作，即可打开钓鱼技巧列表，在其中查看需要的信息，并单击钓鱼网的超链接。

Step 03

进入钓鱼网主页，单击上方的"入门"超链接。

Step 04

打开"钓鱼入门"网页，根据需要单击要查看网页内容的标题超链接。

Step 05

经过以上操作，将打开相应的网页，在其页面中查看具体的内容即可。

5. 网上问诊

　　上网医疗近些年也逐渐走进了人们的生活，越来越多的人习惯了通过网络获取更多有关健康知识。以前有病一定要去医院看病模式正悄然发生变化，网上健康咨询、网上挂号、预约门诊、远程诊断等方式正在为人们所接受。下面看看在网上向专家咨询有关老年病的具体操作方法。

Step 01

打开"百度"网主页，❶在搜索文本框中输入关键字"老年病"；❷单击"百度一下"按钮。

Step 02

经过上步操作，即可打开老年病列表，在其中查看需要的信息，并单击好大夫在线网的超链接。

友情提示

　　网上问诊只能咨询常见病症的保健信息，对于发病迅猛的相关病症，需及时就诊的疾病，中老年朋友还需尽快赶往相关医院就诊。

Step 03

进入好大大在线网的主页，❶ 展开在线咨询对话框，并在其文本框中输入要咨询的内容；❷ 单击"立刻咨询"按钮。

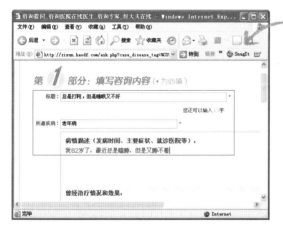

Step 04

经过以上操作，即可打开咨询网页，在其中根据提示输入各种咨询内容。

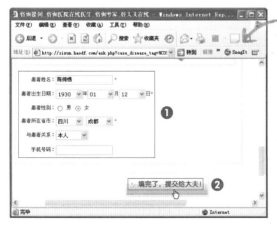

Step 05

❶在咨询网页的第2部分区域输入患者信息；❷单击"填完了，提交给大夫！"按钮。

Step 06

打开用户注册网页，根据提示输入相关内容后单击"同意服务条款，注册！"按钮即可注册，同时将刚才咨询的问题提交到网上。等待一段时间后便有相关医生回复您的问题了。

7.2 搜索没讲完，拖堂不让玩

网上能够搜索的内容太多了，每讲一种操作方法，学员们就会在网上慢慢搜索多个网页进行查看。弄得唐僧准备的内容到了下课时间也没讲完。

"师父，下课时间到了。"八戒小声提醒着唐僧。"

"可是内容还没讲完啊，再等一会儿吧。"

"师父，你不累，他们也该累了。你要是不下课，他们会罢课的。"

"怕什么，上班就是要发扬死猪不怕开水烫的精神！哎哟，哎哟，肚子疼……八戒……你来接着讲搜索的高级应用，为师去去就回……"

"师父，师父！你不能每次都这样啊……就算我是猪身，你也不能当我是死猪啊。而且开水烫在死猪身上的疼，你怎么会懂？你以后再这样，就别怪我翻脸不是人了！"

7.2.1 在搜索中使用双引号

搜索引擎大多数会对关键字进行分词搜索，这时的搜索往往会返回大量不需要的信息。如果查找的是一个词组或多个汉字，最好的办法就是用双引号将它们括起来，这样得到的查询结果最精确。

例如，输入关键字"中老年食谱"会将包含"中老年"和"食谱"关键字的网页都列出来，如左下图所示；而如果输入"'中老年食谱'"将只会返回包含"中老年食谱"的网页，这样得到的结果就更加精确，如右下图所示。

7.2.2 在搜索中使用逻辑词

虽然利用关键字搜索会使搜索结果更加精确，但有些关键字太过热门，搜索得到的结果会相当多；而有时又不好确定关键字，搜索得到的结果就会出现误差，此时，为获得更加精确的搜索结果，可以通过多个关键字同时搜索，即在关键字之间使用逻辑词进行辅助搜索。常用的逻辑词主要有AND、OR及NOT。其功能如下。

1. AND（与）

搜索同时包含多个关键字的信息。使用AND逻辑词设置多个关键字时，可以缩小搜索范围。如搜索"中老年"、"养生"、"食谱"关键字，那么输入搜索关键字内容为"中老年AND养生AND食谱"，将搜索同时包含"中老年"、"养生"、"食谱"的相关信息。

2. OR（或）

搜索包含指定多个关键字的信息。例如，输入搜索关键字内容为"太极拳OR气功"关键字，那么将搜索到包含"太极拳 气功"、"太极拳"、"气功"的所有信息。

3. NOT（否）

多个关键字搜索时，搜索指定关键字中不包含特定内容的信息。例如，搜索"存款NOT利息"，将搜索到不包含"利息"关键字的所有"存款"的相关信息内容。

教您一招——搜索多个关键字的其他方法

要搜索同时包含多个关键字的信息时，也可以在输入的多个关键字之间用空格隔开。如输入"中老年 养生 食谱"关键字与输入"中老年AND养生AND食谱"关键字的作用相同。

7.2.3 在搜索中使用加号或减号

现在，很多搜索引擎还支持在关键字中使用加号或减号。其中，使用加号＋可限定搜索结果中必须包含的词汇，与使用逻辑词AND的功能相同；使用减号－可限定搜索结果中不包含的词汇，与逻辑词NOT的功能相同。

例如，要查找的内容必须同时包括"中老年、养生、食谱"3个字样时，就可用"中老年＋养生＋食谱"作为关键字；要查找包含"中老年"，但必须不包含"食谱"字样时，就可以用"中老年－食谱"作为关键字。

7.3 众仙问题多，八戒不耐烦

唐僧拉肚子是一去不回啊，八戒一人顶着场面给众仙讲解完搜索引擎中多种符号的配合使用方法后他都还没回来，八戒有点不耐烦了，此时，众仙的问题又比较多，挨个排队来问他。

"八戒，你知道明天是晴天、雨天还是阴天啊？"

"我说老星，你上百度查一下不就知道了么，刚讲过呢。"

"八戒，天快黑了，我快找不着回家的路了，怎么办？"

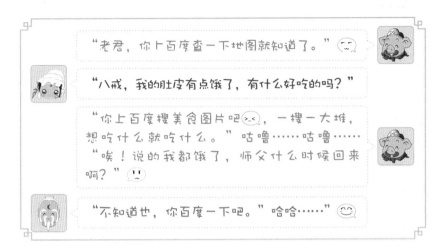

7.3.1 有问题找百度知道

百度知道是一个基于搜索的互动式知识问答分享平台，用户可以根据自己的需要提出具有针对性的问题，通过积分奖励机制发动其他用户来解决该问题。同时，这些问题的答案又会进一步作为搜索结果，提供给其他有类似疑问的用户，达到分享知识的效果。下面通过百度知道查询卖价最高的民间收藏品。

光盘同步文件
同步视频文件：光盘\视频教学\第7章\7-3-1.mp4

Step 01

打开"百度"网主页，在窗口中单击"知道"超链接。

Step 02

打开百度知道页面，❶在搜索文本框中输入要搜索的关键字，如"卖价最高的民间收藏品是什么"；❷单击"搜索答案"按钮。

Step 03

经过以上操作，将打开与搜索关键字相关的列表，在其中单击相关的答案超链接，即可打开具体的答案页面查看内容。

7.3.2 百度百科学知识

百度百科涵盖了各领域知识的中文信息收集平台，也是一部内容开放、自由的网络百科全书。它强调用户的参与和奉献精神，充分调动互联网用户的力量，汇聚上亿用户的头脑智慧，积极进行交流和分享。同时，百度百科还实现了与百度搜索、百度知道的完美结合，从不同的层次上满足用户对信息的需求。

下面通过百度百科了解端午节的相关信息，具体方法如下。

光盘同步文件
同步视频文件：光盘\视频教学\第7章\7-3-2.mp4

Step 01

打开"百度"网主页，在窗口中单击"百科"超链接。

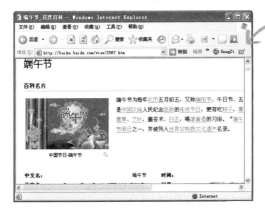

7.3.3 百度文库寻文档

百度文库是供网友在线分享文档的开放平台，在其中用户可以在线
阅读需要的课件、习题、考试题库、论文报告、专业资料、各类公文模
板、法律文件、文学小说等多个领域的资料。该平台所累积的文档，均
来自热心用户上传，百度不编辑或修改用户上传的文档内容。用户通过
上传文档，可以获得平台虚拟的积分奖励，用于下载其他需要的文档。
百度文库支持.doc(.docx)、.ppt(.pptx)、.xls(.xlsx)、.pdf、.txt等主流的文件
格式。

下面通过百度文库查找有关梅花的诗句。

光盘同步文件
同步视频文件：光盘\视频教学\第7章\7-3-3.mp4

Step 01

打开"百度"网主页，在窗口中单击"文库"超链接。

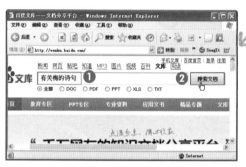

Step 02

打开百度文库页面，❶在搜索文本框中输入要搜索的关键字，如"有关梅的诗句"；❷单击"搜索文档"按钮。

Step 03

经过以上操作，打开与搜索关键字相关的列表，在其中单击需要的超链接。

Step 04

即可打开具体的页面内容，查看内容后单击"下载"按钮可下载该文档。

7.4 资料要搬家，天王用下载

托塔天王最近对宇宙的诞生产生了浓厚的兴趣，他听说英国有位伟大的物理学家史蒂芬·威廉·霍金撰写了一本宇宙学的经典著作——《时间简史》，便向沙僧索要。

"大师兄，你有《时间简史》吗？"

"神经病，我有时间也不检屎！"

"大师兄，我说的是《时间简史》这本书！"

"哦，你自己不说清楚。我没有。"

"唉，托塔天王怎么就想起问我要这本书嘛，愁死我了。"

"沙师弟，你莫愁。用迅雷给他下载一个就可以了。"

7.4.1 使用IE浏览器直接下载

在上一章中提到了下载，许多中老年朋友可能还不清楚为什么要下载。虽然通过网络的搜索功能可以搜索各种资源，但这些资源一般都需要用户在电脑连接网络的情况下才允许浏览和使用。一旦电脑断开网络，就不能播放在线歌曲、视频等。而如果把这些资源都事先保存到自己电脑，则无论连网还是断网，都可以继续使用这些资源。因此，所谓的下载就是将网络上的资源传输并保存到自己的电脑中。

友情提示

上一章讲解了保存网页的图片和文字的方法，但打包的文字和图片、网络音乐、视频、软件等就不能通过这种方法进行保存了。保存网络上的资源更多的是使用下载的方法。

171

中老年朋友如果需要将搜索到的信息资源"搬"到自家的电脑中，首先需要使用IE浏览器打开资源的下载页面。对于较小的资源，可以使用浏览器的"目标另存为"功能直接下载。例如，使用IE浏览器下载《时间简史》电子图书的具体方法如下。

光盘同步文件
同步视频文件：光盘\视频教学\第7章\7-4-1.mp4

Step 01

打开"百度"网主页，❶在搜索文本框中输入关键字"时间简史下载"；❷单击"百度一下"按钮。

Step 02

经过上步操作，将打开与搜索关键字相关的列表，在其中单击需要的超链接。

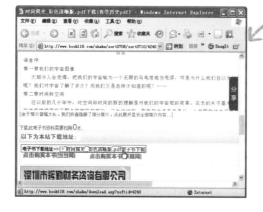

Step 03

打开对应的页面，在该页面下方找到并单击下载地址的超链接。

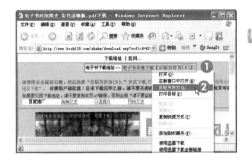

Step 04

❶在网页中将指针指向下载超链接，并单击鼠标右键；❷在弹出的快捷菜单中单击"目标另存为"命令。

Step 05

打开"另存为"对话框，❶在"保存在"下拉列表框中选择要保存文件的位置；❷单击"保存"按钮。

Step 06

经过以上操作，稍等片刻后即可将选择的资源下载到电脑中。

7.4.2 使用下载工具下载

除了可以用IE浏览器直接下载资料外，还可以通过专业下载工具软件进行下载，如迅雷、网际快车（FlashGet）等软件。使用这些工具软件可以提高下载速度、减小硬盘损伤。例如，使用迅雷软件下载"腾讯QQ"软件的具体方法如下。

友情提示

要使用迅雷等下载工具软件下载网络资源，必须先在电脑中安装有相应的工具软件才行。

光盘同步文件
同步视频文件：光盘\视频教学\第7章\7-4-2.mp4

Step 01

打开"百度"网主页，❶ 在搜索文本框中输入关键字"QQ下载"；❷ 单击"百度一下"按钮。

Step 02

❶打开与搜索关键字相关的列表，在列表中单击需要的超链接下的"官方下载"按钮；❷单击打开的"新建任务"对话框中的"立即下载"按钮。

Step 03

指针指向任务栏上的"迅雷"图标，可查看下载进度。

QQ2012Beta3_QQProtect...	392.86 KB/s
全局速度	392.86 KB/s

11:51

友情提示

下载的网络资源的大小在一定程度上决定了下载的时间，网页上的图片、音乐文件相对较小，而电影等文件就比较大。

秘技偷偷报——网络搜索小技巧

周末，悟空去拜访太白金星，他正好陪着小孙女在院子里练习英语口语，发音可标准了。悟空忍不住想考她一下，不考不知道，一考吓一跳，弄得悟空哭笑不得。这不，他现在正和唐僧聊起这件趣事呢。

 "师父，师父。这个用英语怎么说？"悟空伸出四个手指头问。

"Four。"

 "那现在这个呢？"悟空接着把四个手指弯曲，然后又问。"

"你是什么意思？"

 "哈哈哈……老星的小孙女叫这wonderful。我问他跟谁学的，他还说跟他爷爷学来着。后来我就跟老星说让他的小孙女跟着我学习一些地道的口语，结果他还训斥我一顿，说我满脑袋不学好，想带着他的孙女去地铁混。笑死我了，哈哈……"

"唉！国家现在抓教育都从小孩抓起，可这老一辈人的教育也得跟上才行啊。下午我就给他们讲讲使用网络搜索这方面知识的方法。"

 光盘同步文件
同步视频文件：光盘\视频教学\第7章\秘技偷偷报.mp4

01 快速实现翻译

在阅读文档、报纸、杂志时，难免会遇到一些英文单词，如果遇到不懂的英语单词，可以使用网络提供的"在线翻译"功能快速得到结果。例如，翻译wonderful单词的具体方法如下。

Step 01

打开"百度"网主页，在窗口中单击"更多"超链接。

Step 02

打开"百度产品大全"网页，单击该页面中的"百度翻译"超链接。

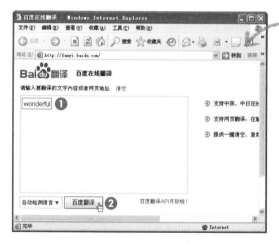

Step 03

❶在打开页面的"百度在线翻译"文本框中输入需要翻译的单词wonderful；❷单击"百度翻译"按钮。

Step 04

经过以上操作，在打开的页面中即可查看到翻译成中文的含义。

02 查询号码归属地

人们在使用手机时，有时难免会接收到一些莫名其妙的电话，一般陌生来电中不乏有"响一声就挂"这样的手机骗局，但也不排除是熟悉人用其他的手机号码在联系您。遇到像这样的回拨与不回拨的犹豫问题时，为了避免上当受骗，可以通过网络快速查找号码的归属地来大致了解来电人是否是自己认识的，具体方法如下。

Step 01

打开"百度"网主页，❶在搜索文本框中输入要查询的手机号码；❷单击"百度一下"按钮。

Step 02

在打开的与搜索关键字相关的列表中即可查看到该手机号码的归属地及其他基本信息。

03 使用和查询万年历

中国人除了查看阳历（公历）外，还有查看阴历（农历）的习惯，利用网上提供的万年历功能就能查看中国传统阴历、黄历、宜忌信息（出生时间与命运）、节日等信息，具体方法如下。

Step 01

打开"百度"网主页，❶在搜索文本框中输入关键字"万年历"；❷单击"百度一下"按钮。

Step 02

在打开的与搜索关键字相关的列表中即可查看当天的阴历和其他相关信息，单击其他日期时，还可查看对应日期的相关信息。

　　随着上网的中老年朋友越来越多，一些搜索引擎公司开始重视中老年人上网的需要，研发出一些专门为中老年朋友设计的搜索产品。百度公司推出的"老年搜索"就是其中优秀的代表。不过，这种产品尚在测试阶段，所以有些读者朋友还不清楚这种产品。

　　在百度主页单击"更多"超链接，在打开的页面"其他服务"下就能看到提供的"老年搜索"超链接，如右图所示。单击该超链接就能进入"老年搜索"主页，如下图所示，其中的网页文字都以大号显示，方便中老年人阅读。

　　"老年搜索"网页与普通百度网页搜索的方法一样，其贴心服务主要体现在以下几个方面。

　　· 支持手写输入法

　　"百度一下"后面的"手写输入"按钮，用于帮助不会使用键盘输入的中老年朋友通过鼠标手写输入搜索关键字。

　　· 搜索内容不同

　　百度老年搜索人性化地考虑了老年人的需要，筛选出来的资源和常规搜索结果在细节上会有所不同。

- 提供字号选择

使用百度老年搜索网页时，在搜索结果列表网页中会显示出字号选择区，其中提供了"大"、"中"、"小"3个超链接，通过它们可以快速以对应的文字大小进行显示。

读书笔记

伊妹传书省时效
众仙互留QQ号

国庆节即将来临，为了让培训班的学员们在节日里能互相联系，唐僧让徒弟们前去了解他们中掌握网络通信工具的情况。

"他们有几人有E-mail啊？"

"禀师父，只有托塔天王说他有一个远方表姑妈的表妹的女儿叫伊妹儿。"

"啊！哈哈哈哈……"

"八戒，严肃点！你打听有多少人知道QQ呢？"

"师父，他们都说知道秋神蓐收的小名叫秋秋。哈哈……"

"唉，看来得让他们认识一下邮件和QQ了。"

网络在提供信息的同时，还能提供方便的通信服务，而且方式不拘一格。人们可以通过文字、语音、视频超越地域限制与自己的亲戚朋友进行通信。其中腾讯QQ和电子邮件是广大网络用户最喜爱的通信交流方式，本章将详细讲解它们的具体使用方法。

8.1 众仙回家练，作业电邮交

唐僧准备给学员们布置节日里的家庭作业，让他们回家后用电邮交过来。然后就给他们培训电邮的相关操作了，那可是笑话不断啊，每日他们师徒几人都会在办公室里聊一聊。

"昨天是太上老君第一次使用电子邮箱，你猜怎么着？" 😊

悟空故弄玄虚地问着，八戒摇摇头让他继续讲。

"他先看看周围没有其他人，然后小心地输入邮箱账号，😊再小心地朝四周看了看，确保周围没人以后，他低头悄悄对电脑说，密码是123456！" 😊

"哈哈……大师兄，你看到的还不是最搞笑的，至少老君他还知道吧。师父在课堂上不是说让他们牢记登录密码么，托塔天王就将密码郑重地记在了小本子上，可是第二次登录邮箱时，系统提示他输入邮箱账号，他却只记住了登录密码，😊哈哈……"

8.1.1 什么是电子邮件

这个时代写信的人越来越少了，不过，那种"鸿雁传书"的感觉却时常让人怀念。电子邮件类似于网络上的邮政通信，虽然没有老信封、旧邮票，没有绿车白包、风雨无阻的邮递员，也没有月满西楼的相思等待，但它仍然保留着传统的情感依赖因素。因此，使用电子邮箱收发邮件，对于身处新时代却有着怀旧情绪的中老年朋友来说，是一种非常不错的通信方式。

电子邮件又称E-mail，也叫"伊妹儿"，它是一种通过网络手段传递信息的通信方式，其过程跟现实生活中的邮寄邮件相似。电子邮件是使用率较高的互联网服务之一，享有"网上鸿雁"之美誉，它的出现改变了人们长期以来通过邮局收寄信件的传统交流方式。

电子邮件与传统的信件都属于一种信息载体，与邮局收发的普通信件相比，电子邮件具有以下优势。

- 内容丰富：电子邮件不仅可以传送文字信息，还可以传送图片、声音、视频、动画以及程序等多种类型的文件。
- 传输速度快：发送一封电子邮件只需几秒钟时间便可通过互联网传送到接收者的电子邮箱中等待对方读取了。
- 使用方便：电子邮件不受时间和地域的限制，收件人可以在地球上的任何角落，发送和接收邮件的时间也可以不限。
- 价格低廉：发送电子邮件与一般的网络浏览一样，所需费用基本为零，比邮寄普通信件便宜许多。
- 可靠：每个电子邮箱都有一个全球惟一的邮箱地址，以确保邮件按发件人输入的地址准确无误地发送到收件人的邮箱中。

友情提示

中老年朋友掌握电子邮件这一现代通信工具的使用方法，可以切身体会到信息时代的意义。

8.1.2 如何申请电子邮箱

电子邮箱是用于接收、发送或管理电子邮件的信箱。我们要在网络中发送电子邮件，必须有一个属于自己的邮箱。在首次使用电子邮件服务时，需要先在网上申请一个属于自己的电子邮箱。只有成功注册了自己的邮箱账户，才能登录到电子邮箱，进行电子邮件的收发操作。

目前很多大型的网站都提供了免费的电子邮箱服务，如网易、新浪网、搜狐网、雅虎网等。下面以在"网易163"申请免费邮箱为例，介绍申请免费电子邮箱的具体方法。

光盘同步文件
同步视频文件：光盘\视频教学\第8章\8-1-2.mp4

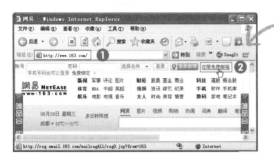

Step 01

❶在地址栏中输入 http://www.163.com后 按Enter键，打开"网 易"主页；❷单击"注 册免费邮箱"超链接。

Step 02

❶在打开的页面中根据 提示输入注册信息；❷ 输入完后单击"立即注 册"按钮。

友情提示

在注册页面中， 前面有*号的为必填内 容，如果填写的信息已 被占用或者不正确就会 弹出提示信息，让用户 重新填写。

Step 03

经过以上操作，稍等片刻 后即可打开提示注册成功 的页面。注册完成后，中 老年朋友最好用笔记下邮 件地址和密码。

教您一招——记住邮件地址的好方法

每个电子邮箱的地址都是惟一的，邮箱地址的格式为"邮箱注册账户名 ＋ @ ＋ 电子邮件服务器的域名"。例如，在"网易"申请了一个邮箱，如果注册的邮箱账户名是123456，那么电子邮箱的地址就是"123456@163.com"。其中，@（音为英文中的 AT，表示"在……地方"）用于连接前后两部分的连接标识符。

8.1.3 登录邮箱并查收邮件

要用邮箱收发电子邮件，首先登录到电子邮箱中，一般需要通过提供邮箱服务的网站进入邮箱。例如，要登录刚申请的邮箱查收邮件的具体方法如下。

光盘同步文件
同步视频文件：光盘\视频教学\第8章\8-1-3.mp4

Step 01

打开"网易"主页，❶输入邮箱账号和密码；❷单击"登录"按钮。

Step 02

进入邮箱首页，单击页面左侧的"收信"按钮。

Step 03

进入收件箱页面，在邮件列表中单击要查看的电子邮件名称。

友情提示

对于首次使用邮箱的用户，网易管理系统会自动发给用户一些"网易邮件中心"的广告邮件。

Step 04

打开邮件正文页面，显示包括发件人、时间、收件人和邮件正文在内的内容。

教您一招——快速查阅多封邮件

当邮箱中有多封邮件时，可单击"前一封"或"后一封"超链接对邮箱中的邮件进行快速查阅。

8.1.4 给老朋友发送一封问候邮件

　　登录电子邮箱以后，就可以发送电子邮件了。就像邮寄普通信件时需要知道收信人的地址一样，发送电子邮件也必须知道收件人的邮箱地址，这样对方才能收到哦！

　　发送带正文的普通邮件与邮寄普通信件类似，就是在邮件中编辑文本内容后将其发送。下面介绍给老朋友发送一封问候邮件的具体方法。

光盘同步文件
同步视频文件：光盘\视频教学\第8章\8-1-4.mp4

Step 01

进入邮箱首页，单击页面左侧的"写信"按钮。

Step 02

❶单击右侧的"信纸"选项卡；❷在信纸列表中选择样式；❸输入收件人地址、邮件主题；❹输入邮件内容；❺选择邮件内容，单击上方的按钮，设置字体大小为"中"；❻单击"发送"按钮。

👑 友情提示

　　经过以上操作即可向好友发送邮件。如果之前没有设置邮箱的详细信息，此时会打开提示对话框，只需按照要求输入用户名，单击"保存并发送"按钮即可。

Step 03

稍等片刻后，即可显示发送成功的页面，表示邮件已发送到对方邮箱中。

8.1.5 如何发送邮件附件

当需要将电脑中保存的文件（音乐、文档、图片等）发送给他人时，就需要以邮件附件的形式随同电子邮件一起发送到对方邮箱中。下面以附件形式讲解发送图片的具体方法。

光盘同步文件
同步视频文件：光盘\视频教学\第8章\8-1-5.mp4

Step 01

按照前面讲解的方法进入写信页面，❶输入收件人地址、邮件主题；❷单击"添加附件"超链接。

Step 02

打开"选择要上载的文件"对话框，❶选择要上传的文件；❷单击"打开"按钮。

Step 03

经过以上操作即可将文件添加到邮件附件中，❶在页面中查看附件的上传进度，等待上传完毕；❷单击"发送"按钮发送邮件。

8.1.6 回复好友邮件

在收件箱中阅读了亲友发来的邮件后，通常需要回复对方的邮件，此时，使用回复邮件功能直接回复邮件即可，不用再输入对方的邮箱地址，具体方法如下。

光盘同步文件
同步视频文件：光盘\视频教学\第8章\8-1-6.mp4

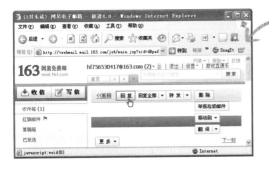

Step 01

通过前面讲解的方法进入查看具体的邮件内容页面，单击工具栏中的"回复"按钮。

Step 02

❶在打开的页面中输入回复的内容；❷单击"发送"按钮即可快速回复邮件。

8.1.7 删除不需要的邮件

邮箱的容量是有限的，就像我们书柜一样，当被塞满后就不能再放入新买的书了。而且邮件过多时，对于查看和管理邮件也比较麻烦。因此，在邮件过多时可以将一些过期或无用的邮件删除，这样能有效节约邮箱空间。删除不需要的邮件的具体方法如下。

光盘同步文件
同步视频文件：光盘\视频教学\第8章\8-1-7.mp4

方法

进入收件箱页面，①在列表中选中要删除的邮件前面的复选框；②单击下方工具栏中的"删除"按钮即可。

 教您一招——删除邮件的其他方法

在收件箱查看相应邮件的具体内容后，如果邮件内容没有必要保留，可以单击窗口上方的"删除"按钮删除此邮件。

8.2 邮件不及时，QQ在线聊

学员们在学习邮件的相关操作后，大部分人回家就给亲朋好友们发送了节日祝福邮件，当然这种节日邮件顺带也要发送给教他们使用邮件的师父们。

 "唉！我的邮箱怎么冒出来这么多邮件？"

"证明学员们关心你啊，我也收到很多。"

"可，可是，怎么都是太上老君发给我的邮件。"

"哈哈……呆子，你也不用打开那些邮件看了，我已经看过了，全是问你打算怎么度过这个节日的。人家一直等你的回复，见你没动静就每隔五分钟给你发一份邮件问候，到现在都等了20个小时了。"

"不会吧！这也太夸张了。我睡觉时间怎么可能打开邮箱回复邮件嘛。"

"哈哈哈……是啊，所以师傅才说马上给他们讲QQ的操作嘛。"

8.2.1 为自己申请一个QQ号码

互联网中可以进行即时通信的工具相当多，腾讯公司开发的QQ软件是国内聊天软件中的佼佼者。它界面友好，功能强大，使用简便，提供丰富多样的网络聊天方式，能够让用户享受更多的网络聊天乐趣。

要使用QQ软件，需要先登录腾讯QQ官方网站（http://im.qq.com）下载并安装QQ软件。下载安装的方法在前面章节已经讲述，这里不再赘述。

在电脑中安装QQ程序后，还必须申请一个属于自己的QQ号码才能与亲友聊天。下面介绍在线申请QQ号码的具体方法。

光盘同步文件
同步视频文件：光盘\视频教学\第8章\8-2-1.mp4

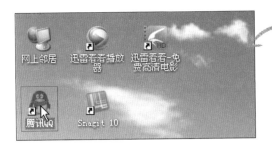

Step 01

双击桌面"腾讯QQ"程序快捷图标，启动QQ聊天软件。

Step 02

在打开的登录界面中，单击"注册账号"超链接。

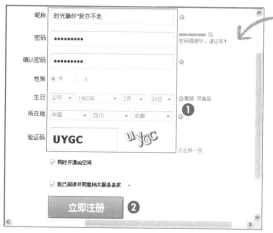

Step 03

打开注册页面，❶输入个人信息，如"昵称、密码"，选择"性别、生日、所在地"信息，并根据提示输入验证码；❷单击"立即注册"按钮。

Step 04

❶输入自己的手机号码；❷单击"下一步"按钮。

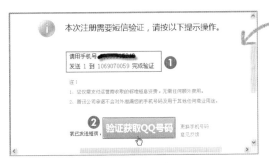

Step 05

❶根据提示编辑手机短信并发送到指定号码；❷单击"验证获取QQ号码"按钮。

Step 06

稍等片刻，即可显示号码申请成功的页面，申请成功的QQ号码以红色数字显示。

8.2.2 将老朋友添加到自己的QQ好友列表中

申请了QQ账号后就可以使用它登录到QQ服务器了。首次登录到QQ的主界面中没有任何人，需要将亲友的QQ号添到好友名单中才能和他们聊天，具体方法如下。

光盘同步文件
同步视频文件：光盘\视频教学\第8章\8-2-2.mp4

Step 01

打开QQ程序登录界面，❶在文本框中输入QQ账号和QQ密码；❷单击"登录"按钮。

Step 02

打开QQ主界面，单击下方的"查找"按钮。

Step 03

打开"查找联系人"对话框，❶在文本框中输入好友的QQ号码；❷单击"查找"按钮。

Step 04

在对话框中选择查找到的好友，单击右侧的"加为好友"按钮❶。

教您一招——按条件查找好友

在"查找联系人"对话框的"找人"界面中单击"条件查找"按钮，在界面中设置查找选项，如年龄、性别、所在地等信息，则可以按条件查找好友。

Step 05

❶在打开的对话框中设置备注信息和分组信息；❷单击"下一步"按钮。

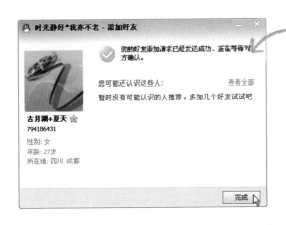

8.2.3 与老朋友进行文字聊天

添加QQ好友后，就可以与好友聊天了。文字聊天的方式很简单，就是将自己想要说的话用文字表达出来再发送给对方，具体方法如下。

光盘同步文件
同步视频文件：光盘\视频教学\第8章\8-2-3.mp4

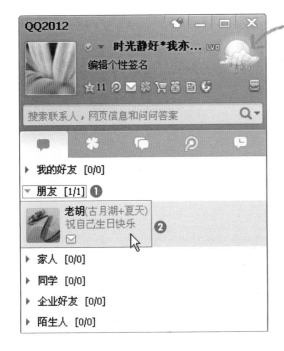

Step 02

打开聊天窗口，①在文本框中输入聊天内容；②单击"发送"按钮即可。

友情提示

最小化QQ主界面后，对方回复消息后会在屏幕右下角显示不停闪烁的好友头像，双击它即可打开"查看消息"窗口查看和回复信息。

8.2.4 与远方亲人进行语音、视频聊天

除了相互发送文字信息进行聊天外，如果聊天双方都安装了话筒、音箱（耳机）、摄像头，那么就可以听到对方的声音，看见对方的脸庞。通过声音和视频聊天来增进与好友之间的距离。

光盘同步文件
同步视频文件：光盘\视频教学\第8章\8-2-4.mp4

1. 语音聊天

如果聊天双方电脑都连接了话筒、音箱（耳机），就可以像打电话一样进行语音聊天了，具体方法如下。

Step 01

❶单击聊天窗口中"语音聊天"按钮右侧的下三角按钮；❷在弹出的下拉列表中单击"开始语音会话"选项。

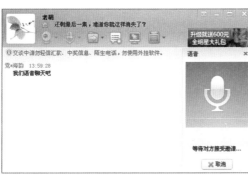

Step 02

经过上步操作，将向对方发送语音聊天请求，并在窗口右侧显示等待对方接受邀请信息。

友情提示

对话时可以通过单击QQ对话窗口右侧的"麦克风静音"按钮和"扬声器静音"按钮，并在对应的滑块条进行调节来控制说、听音量；如果不想再进行语音聊天了，可以单击"挂断"按钮结束语音对话。

Step 03

当对方同意了语音聊天请求，接受邀请后就可以与好友进行语音聊天了，窗口右侧将显示连接状态。

2.视频聊天

如果电脑中安装有摄像头，就可以通过图像传输，面对面和好友进行视频聊天，具体方法如下。

Step 01

❶单击聊天窗口中"视频聊天"按钮右侧的下三角按钮；❷在弹出的下拉列表中单击"开始视频会话"选项。

Step 02

当对方同意了视频聊天的请求，接受邀请后就可以与好友进行视频聊天了，窗口中将显示好友和自己的图像。

8.2.5 给远方的亲人发送照片

中老年朋友可以使用QQ相互传送文件，实现资源共享。例如，将自己电脑中的照片分享给老朋友的具体方法如下。

光盘同步文件
同步视频文件：光盘\视频教学\第8章\8-2-5.mp4

Step 01

单击聊天窗口上方的"传送文件"按钮。

Step 02

打开"打开"对话框，❶选择传送文件所在的位置；❷选择传送的文件；❸单击"打开"按钮。

Step 03

经过以上操作，即可将文件发送给好友，在聊天窗口右侧会显示发送文件的进度条，等待对方接收文件即可。成功发送文件后会出现提示信息。

教您一招——接收文件的方法

当好友通过QQ给我们传送文件时，窗口右侧会显示文件接收请求，如右图所示。单击"接收"超链接，可将文件保存至QQ默认的文件夹中；单击"另存为"超链接，可设置保存文件的位置；单击"拒绝"超链接将拒绝接收。

8.3 换头像，太上老君变帅哥

某天，悟空和几个师弟在办公室聊学员们在学习邮件和QQ过程中闹出的一些笑话，唐僧一个人坐在电脑前整理下一堂课要讲的内容——设置个性QQ。

"徒儿们，来看看。我的头像牛B吧！"唐僧指着自己QQ上新换的头像问。

"像！"

 唐僧想了想觉得此话不妥，自己无形中吃了大亏，顿时火冒三丈 >-< 。"悟空，为师可要念紧箍咒了哈！"

"师傅，师傅，饶了徒儿吧，徒儿只是和您开个玩笑。"

"唉！为师本打算为你们的QQ也换个头像，算了……悟空，你去把太上老君请来，我要为他换个头像，立马就可以将他变为一个帅哥。"

8.3.1 将自己的照片设置为QQ头像

成功申请QQ后会自动获取一个QQ头像，如果不喜欢默认的QQ头像，我们可以通过自定义将自己的照片设置为QQ头像，具体方法如下。

光盘同步文件
同步视频文件：光盘\视频教学\第8章\8-3-1.mp4

Step 01

❶在QQ主界面的"QQ头像"图标上单击鼠标右键；❷在弹出的快捷菜单中单击"更换头像"命令。

Step 02

打开"更换头像"窗口，单击"本地照片"按钮。

Step 03

打开"打开"对话框，❶选择照片所在的位置；❷选中照片文件；❸单击"打开"按钮。

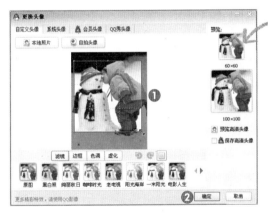

Step 04

返回"更换头像"窗口，❶拖动矩形框调整照片显示范围；❷单击"确定"按钮，即可更换头像。

 **教您一招——设置个性QQ的其他技巧**

在页面中申请QQ号码时只填写了少量的个人资料，登录QQ后双击主界面的"QQ头像"图标，在打开的窗口中可以添加或修改个人资料，还可对身份验证方式等进行设置。在QQ主界面"QQ头像"图标的右侧有"编辑个性签名"文本框，将文本插入点定位在其中就可以编写QQ签名了。

8.3.2 更改QQ在线状态

登录QQ后，默认情况下处于在线状态显示，可以根据情况将QQ设置为不同的登录状态。例如，当我们需要短时间离开时，可以将在线状态更改为离开状态，具体方法如下。

光盘同步文件
同步视频文件：光盘\视频教学\第8章\8-3-2.mp4

方法

❶在QQ主界面单击"状态"按钮；❶在弹出的下拉列表中单击"离开"选项即可。

友情提示

"我在线上"状态，表示好友可以与自己聊天；"Q我吧"状态，表示希望好友主动联系你；"离开"状态，表示自己不在电脑旁边，暂时不能聊天；"忙碌"状态，表示自己很忙，无法及时处理信息；"请勿打扰"状态，表示自己当前时间不希望任何好友打扰自己；"隐身"状态，表示隐藏自己的身份，其他好友不知道自己在线上；"离线"状态，可以将QQ程序与网络断开，不能进行聊天。

秘技偷偷报——QQ聊天小窍门

托塔天王前两天在QQ上认识了一个新朋友，一番了解后双方都有相见恨晚的念头，可过了两天就找不着对方人了，内心焦急啊，于是求助沙僧帮他找人。

"师父，托塔天王今天一早就让我帮他在QQ上找人。"

"那找着了么？"

"我问他还记得对方的QQ号码不，他说没留意看，只记得对方头像很可爱，名字叫'别无所求'。" :-)

"那应该能找到啊。"

"我都帮他找了半天了，没找到。他又完全不记得对方的QQ号码，估计对方修改了头像和QQ昵称。:-) 唉……"

"那就只有等他这位朋友主动找上他了，但他为什么没有修改对方的备注姓名呢？"

"这……师父，你……你还没有给他们讲这些内容哦。" >_<

光盘同步文件
同步视频文件：光盘\视频教学\第8章\秘技偷偷报.mp4

01 修改好友备注姓名

　　添加的QQ好友多了后，很难分清哪个QQ号码是谁的。一旦对方更改了网名，就更不容易分清楚对方是谁。为了方便使用，可以设置好友的备注姓名。在添加好友时我们就可以设置好友的备注姓名，若以后需要修改备注姓名，具体方法如下。

Step 01
❶在QQ主界面中，在需要更改备注的好友头像上单击鼠标右键；❷在弹出的快捷菜单中单击"修改备注姓名"命令。

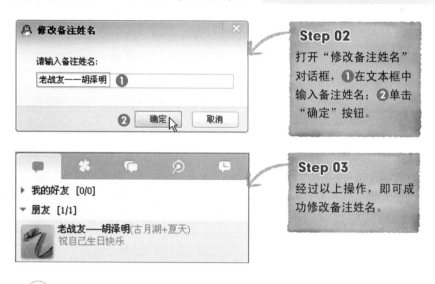

Step 02

打开"修改备注姓名"对话框，❶在文本框中输入备注姓名；❷单击"确定"按钮。

Step 03

经过以上操作，即可成功修改备注姓名。

02 截取屏幕给好友看

在与好友进行聊天时，除了可以向对方发送文件外，还可以将自己正在查看的屏幕信息截取后直接发送给对方，具体方法如下。

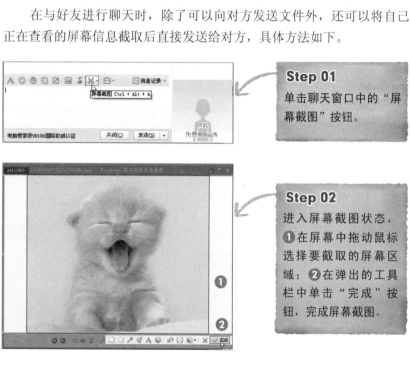

Step 01

单击聊天窗口中的"屏幕截图"按钮。

Step 02

进入屏幕截图状态，❶在屏幕中拖动鼠标选择要截取的屏幕区域；❷在弹出的工具栏中单击"完成"按钮，完成屏幕截图。

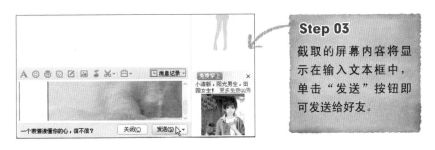

Step 03

截取的屏幕内容将显示在输入文本框中，单击"发送"按钮即可发送给好友。

03 发送窗口抖动引起好友注意

　　如果要与在线的好友聊天，又担心对方在忙其他事情没有及时看到消息，可以在与好友正式聊天之前发送窗口抖动，提醒对方注意，具体方法如下。

方法

单击聊天窗口中的"向好友发送窗口抖动"按钮即可。

增长见识 中老年人上网须加强安全防范意识

　　互联网给我们带来了诸多方便的同时，我们仍然要清楚地认识它那些藏污纳垢的死角——各种各样的网络陷阱。中老年人上网经验不足，对于网络上纷繁复杂的虚假信息和网络陷阱认识不够，不加重视，很容易就会掉进不法分子精心设定的骗局当中，造成财产和精神的损失。为了让初学电脑的中老年朋友正确认识电脑上网，以及有效防范网络诈骗，下面介绍一些有关电脑上网的安全注意事项。

　　• 不随意透露个人信息

　　在注册免费E-mail和使用QQ等网络软件时，都需要填写一些个人资料。某些资料是必须填写的，自然无法略过。但是对于可填可不填但又涉及个人隐私的资料，还是最好别填，否则这些信息有可能在网络上被黑客利用。还有，在浏览部分网页信息时需要用户先注册成为会员才能查看具体的信息，面对这种强迫用户注册个人信息的情况，最好的办法是不要轻易透露自己的真实信息，特别是不要向任何人透露你的密码。

中老年人对电脑知识不太了解，尤其要特别注意保护自己个人信息在网上的安全。如果这些信息不幸被别有用心的人截获并加以利用，就可能掉入了别人精心设置的圈套。

- 不同的应用使用不同的密码

经常上网的中老年朋友可能会觉得网上需要设置密码的情况很多，为了方便记忆，很多中老年朋友在任何情况下都使用同一个密码，其实已不知不觉地留下了安全隐患。因为黑客一般在破获到用户的一个密码后，会用这个密码去尝试用户每一个需要密码的地方，所以建议各位中老年朋友，不同的地方使用不同的密码，同时要把各个对应的密码记下来，以备日后查用。另外一点就是我们在设定密码时，不应该使用字典中可以查到的单词，也不要使用个人的生日，最好是字母、符号和数字混用，多用特殊字符，诸如%、&、#、和$，并且在允许范围内密码长度越长越好，以保证密码不易被人猜中。

- 不轻易点击不明真相的窗口

上网浏览网页时，经常会发现许多漂浮或弹出来的窗口，窗口的内容往往有一定的诱惑性。千万不要贸然去点击这些窗口，因为这些不明真相的窗口极有可能是一些别有用心的人制作出来的，一旦打开它就会自动在你的电脑中植入危险的木马，攻击电脑的安全。因此对于这类来历不明的窗口，我们最好敬而远之。

- 真假网站要分清

由于网站域名的后缀名称有很多，一些人便利用虚假的域名来蒙混用户。比如，有人就曾用http://www.1cbc.com.cn域名来仿冒工商银行网站（使用1CBC来代替ICBC），这样用户一旦访问假冒银行网站并输入账号、密码，自己银行卡上的财产就会受到损失。此外，有些恶意网页通过其他域名来迷惑人。例如，网上传得沸沸扬扬的免费送6位QQ号码，就是通过http://www.tencent.cc/vip.htm？qq=656522网站迷惑人的，这个http://www.tencent.cc根本不是腾讯公司的官方网站。

- 真假消息要明辨

有些时候在网上聊天，突然会接到一些好友提出要求汇款帮助的信息。一般是声称自己遇到了什么样的紧急困难，需要你马上给他汇去巨额的金钱。此时，一定要警惕，这种情况极有可能是你亲友的聊天账号密码不慎被不法分子所盗取，他利用你们的关系，借机向你骗取钱财。对于这样的信息，一方面是不要轻易相信，另一方面要做好核查，避免朋友真的需要帮助确得不到帮助的情况。可以通过电话等其他方式问问自己的好友是否真的需要帮助，如果信息被证实是真的，那就另当别论了。

- 不轻易相信中奖和优惠信息

网络上有些信息看起来虽然诱人而且有一点真实，但一般来说都是不现实的、虚假的。如果你不明就里去尝试，很可能会掉进别人的陷阱里。所以，对于所谓的中奖或优惠信息，一般不要轻信这些好事，自己要提高警惕。

网络生活真丰富
娱乐游戏两不误

话说大假修整归来，唐僧殷勤地向各位学员表示问候。

"这次国庆和中秋合在一起放假，你们都耍好了吗？" 😊

各学员纷纷表示玩得挺开心的，各自述说着在假日里干的事情。

"这样乱哄哄的，听不清楚。沙僧，把你的看家本领使出来。"

"静一静，静一静！沙僧干吼了两声还是没人理会。" 😐

"沙师弟，看我的。😊肃静！肃静！年龄大的先讲。😮顿时，所有人都不吱声了。"

"额……下面大家依次说说自己在假日里都是怎么娱乐的吧。"

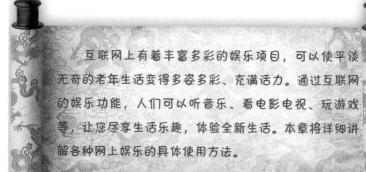

互联网上有着丰富多彩的娱乐项目，可以使平淡无奇的老年生活变得多姿多彩、充满活力。通过互联网的娱乐功能，人们可以听音乐、看电影电视、玩游戏等，让您尽享生活乐趣，体验全新生活。本章将详细讲解各种网上娱乐的具体使用方法。

9.1 在线影音，天王沉迷乐开怀

唐僧问及托塔天王在假日里都是怎么娱乐的，听他说在家时看了部电影。

"哦！托塔天王看电影了哇，你还挺上进的嘛，我都还没教你们网上看视频的操作方法呢。不错不错……" 😊

"师父，拜托！ >< 我和托塔天王是一起去花果山电影院看的《三国演义》。"

"你们也太OUT了！这不是浪费钱嘛，现在网上就能看了。互联网提供了丰富多彩的视听娱乐服务，我们可以在网上聆听在线音乐、观看在线电视电影、还可以收听广播。如果想学，就来听大唐高僧唐玄奘为你倾情奉献的在线影音教学片……"

9.1.1 在网上听音乐

中老年朋友一般都喜欢听老歌，但现在喜欢老歌的人已经不多了，那些老歌磁带、CD等在市场上几乎已经绝迹，找起来非常不易。这时，学会上网的中老年朋友可以到网上试试。网络中的音乐非常多，只要是人们想听的音乐基本都可以从网络中找到并在线播放。

在线听音乐的方式比较多，有音乐网站、QQ音乐等播放工具。其中，QQ音乐是腾讯QQ中捆绑的一款在线音乐播放工具。安装QQ后，在使用过程中就可以方便地启动QQ音乐并在线收听歌曲了。下面介绍在QQ音乐中搜索并收听音乐的具体方法。

光盘同步文件
同步视频文件：光盘\视频教学\第9章\9-1-1.mp4

Step 01

单击QQ主界面下方的"QQ音乐"按钮，启动QQ音乐程序。

Step 02

❶在QQ音乐主界面的搜索文本框中输入要播放的歌曲名称或歌手名；❷单击右侧的"搜索"按钮。

友情提示

若是第一次使用QQ音乐，用户还需要根据提示下载安装该程序后才能使用。

Step 03

在右侧的"乐库"界面中单击要播放歌曲后面的"播放"按钮。

教您一招——添加音乐和下载音乐的方法

在"乐库"界面中单击➕按钮，可以将对应的音乐添加到QQ音乐播放列表中；单击⬇按钮可以下载对应音乐。

Step 04

经过以上操作，即可播放选择的歌曲。

友情提示

单击音乐播放进度条下方的按钮，控制音乐的播放进度。

友情提示

互联网中的许多网址都提供了在线听音乐的服务，进入网址之后即可单击在线收听。例如，提供怀旧老歌的网址有"怀旧音乐论坛"（http://www.520sky.com）、"大漠老歌网"（http://www.laoge888.com）、"华音网"（http://music.huain.com/huaijiu）等。

9.1.2 在网上看电视电影

网络上的视频资源非常丰富，无论是国内还是国外的，电视剧还是电影，各种类型的视频资源应有尽有。现在许多视频网都提供了免费的影片。下面讲解在"爱奇艺"网（http://www.iqiyi.com）在线看电影的具体方法。

光盘同步文件
同步视频文件：光盘\视频教学\第9章\9-1-2.mp4

Step 01

❶在IE浏览器地址栏中输入"http://www.iqiyi.com"，打开"爱奇艺"网主页；❷单击"电视剧"超链接。

Step 02

在打开的页面中，单击要观看的电视剧超链接。

Step 03

在打开的页面中，单击要观看的电视剧剧集超链接。

Step 04

经过以上操作，即可打开视频播放界面，并自动播放视频。

9.1.3 在网上听广播

目前，许多电台在互联网上都提供了在线广播服务，让人们可以直接通过电脑收听广播。收听在线广播的方法与收听音乐的方法基本相同，下面以在"广播电台在线收听"网（http://www.fifm.cn）为例，讲解收听四川电台经济频率财富广播的具体方法。

光盘同步文件
同步视频文件：光盘\视频教学\第9章\9-1-3.mp4

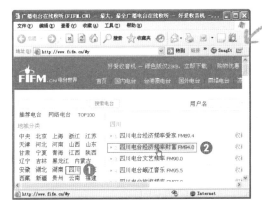

Step 01

打开"广播电台在线收听"网主页，❶在"地域分类"列表中选择要收听的地域，如"四川"；❷在右侧列表中单击"四川电台经济频率财富"超链接。

Step 02

经过上步操作，即可播放选择的广播频道。

9.2 二老对战，众人不忍看

某天，太上老君和太白金星一起下象棋，悟空在一旁瞻仰，回头就和唐僧聊起此事。

"师父，太上老君和太白金星下了一下午的象棋，还互相感叹'真乃巅峰对决，高手过招，不相伯仲啊'。"

"悟空，你知道得这么清楚，看来你一定仔细在旁观摩吧。"

"哎呀，一开始我也认为他们是高手呢，马日象田，有模有样的。后来，我就差没骂他们俩是土鳖了，本来他们一人手里还剩一士，另一人手里还剩一象……"

"那不和棋了吗？"

"是啊，依着我也是和棋，可他们接着居然让士象都过河了。"

"没听说过！大师兄，你怎么没提醒他们？"

"一开始提醒了，但是更惨不忍睹。两个都要赖，要悔棋。"

"哦，那可不行。游戏也是应该有规则的，要不让他们学上网玩游戏吧，想悔棋都不行。"

9.2.1 和老朋友一起斗地主

对于中老年朋友们，空闲之余上网玩玩游戏，如网上斗地主、打麻将、下象棋等，可以起到放松身体、愉快心情和益智健脑的效果。下面学习使用QQ游戏玩斗地主的具体方法。

光盘同步文件
同步视频文件：光盘\视频教学\第9章\9-2-1.mp4

1. 安装QQ游戏大厅

QQ游戏是腾讯QQ关联的游戏平台。我们在使用QQ的过程中可以随时登录QQ游戏与其他QQ在线网友一起玩各种游戏。在第一次使用时，需要先安装QQ游戏大厅，具体方法如下。

Step 01

单击QQ主界面下方的"QQ游戏"图标。

Step 02

在对话框中单击"安装"按钮。

Step 03

经过以上操作即可开始下载安装包，并显示下载进度。

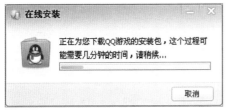

Step 04

打开"安装向导"对话框，单击"下一步"按钮。

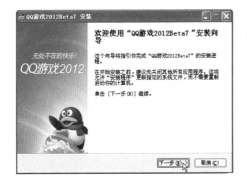

Step 05

打开"许可协议"对话框，单击"我接受"按钮。

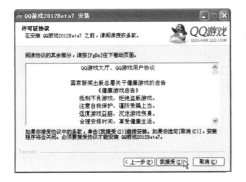

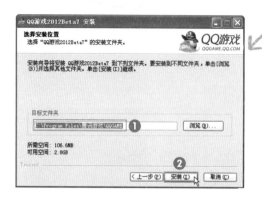

Step 06

打开"选择安装位置"对话框，❶单击"浏览"按钮，选择软件的安装位置；❷单击"安装"按钮。

Step 07

经过以上操作即开始安装QQ游戏程序，并显示安装进度。安装完成后单击"下一步"按钮。

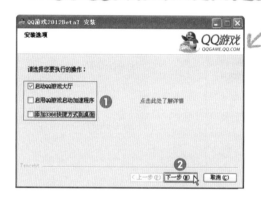

Step 08

打开"安装选项"对话框，❶取消不需要的安装选项复选框的选择；❷单击"下一步"按钮。

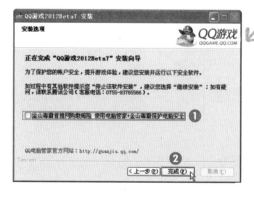

Step 09

❶取消复选框的选择；❷单击"完成"按钮完成安装。

2. 安装游戏包

　　QQ游戏大厅只是一个游戏平台，默认安装完成后，其中只提供了游戏列表，并没有安装任何游戏。用户在第一次登录游戏大厅后，应根据需要下载并安装相应的游戏包。下面介绍下载"斗地主"游戏包的具体方法。

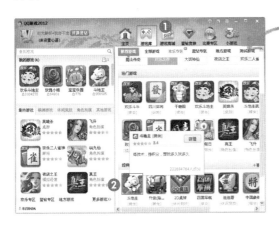

Step 01

❶在QQ游戏主界面，单击上方的"游戏库"选项卡；❷在界面中找到并单击"斗地主"超链接。

Step 02

在打开的页面中单击"开始游戏"按钮。

Step 03

经过以上操作，即可自动下载并安装游戏。

3. 进行游戏

在游戏大厅中安装好游戏包以后，就可以进入游戏房间参与游戏了。进入房间玩斗地主的具体方法如下。

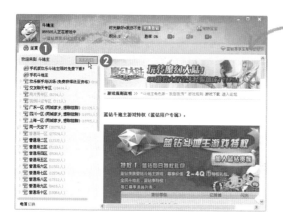

Step 01

❶ 在QQ游戏主界面单击"斗地主"图标；❷ 进入斗地主游戏页面，单击"快速开始"按钮。

友情提示

在斗地主游戏页面下方的分区中单击游戏房间超链接，可直接进入相应游戏房间。

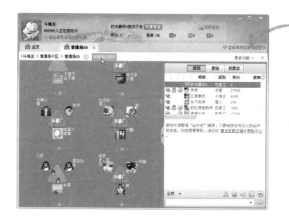

Step 02

在打开的页面中，单击"快速加入游戏"按钮，让系统自动为自己分配一个座位。

Step 03

在打开的页面中，单击"开始"按钮，等待游戏开始，当凑够三人时，即可开始游戏。

9.2.2 在网上挑战象棋高手

QQ游戏平台为我们提供了丰富多彩的游戏项目，例如，益智类的象棋游戏，这款游戏比较适合中老年朋友。生活中一些退休老人特别爱下象棋，认识的"棋友"中少有对手，那就在网上来邀请他人一决高下吧。网上下象棋的进入方法与斗地主游戏类似，具体方法如下。

 光盘同步文件
同步视频文件：光盘\视频教学\第9章\9-2-2.mp4

Step 01

单击QQ主界面下方的"QQ游戏"图标，启动QQ游戏。

Step 02

进入QQ游戏主界面，❶单击界面左侧"我的游戏"列表中的"添加游戏"超链接；❷在右侧找到并单击"中国象棋"超链接。

Step 03

在打开的页面中单击"添加游戏"按钮。

Step 04

中国象棋游戏添加成功，在"我的游戏"列表中单击"中国象棋"超链接。

Step 05

安装中国象棋游戏，游戏包安装成功后进入游戏页面，单击"快速开始"按钮。

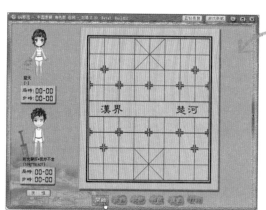

Step 06

在打开的页面中单击"开始"按钮，即可与网友一起玩中国象棋游戏。

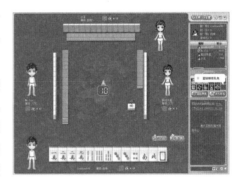

友情提示

在游戏中，每种QQ游戏都有相应的积分，赢得胜利就会获取积分，输掉比赛就会扣除相应积分，如果中途退出，将会被惩罚性地扣除大量积分。

9.2.3 网络麻将不愁三缺一

在QQ游戏平台上，用户还可以和其他QQ在线用户打麻将，如右图所示。QQ平台上的麻将游戏称作QQ麻将，其进入方法与斗地主游戏类似，在安装完QQ麻将游戏包后，单击主界面中的"QQ麻将"超链接，并在相应房间找到空位，单击"开始"按钮即可。

9.2.4 网上种菜和偷菜的乐趣

玩网上农场，全民"种菜"、"偷菜"曾经风靡一时。这款游戏是以农场为背景的模拟经营类游戏，游戏中，玩家扮演一个农场的经营者，完成从购买种子到耕种、浇水、施肥、喷农药、收获果实再到出售给市场的整个过程。游戏趣味性地模拟了作物的生长过程，所以玩家在经营农场的同时，也可以感受"作物养成"带来的乐趣。加上操作简单，玩起来不费时、不耗精力，使得到目前为止仍有大部分中老年人喜欢玩这款休闲游戏。

QQ空间提供的"QQ农场"游戏，与QQ好友相关联，具有很强的互动性。中老年朋友只需开通QQ空间，即可在空间里面添加"QQ农场"应用。进入QQ农场玩游戏的具体方法如下。

光盘同步文件
同步视频文件：光盘\视频教学\第9章\9-2-4.mp4

Step 01

单击QQ主界面的"QQ空间"图标，启动QQ空间。

Step 02

进入QQ空间主页，单击页面左侧的"添加新应用"超链接。

Step 03

在应用列表中单击"QQ农场"超链接。

Step 04

在打开的页面中单击"进入应用"按钮。

Step 05

进入QQ农场页面，在弹出的新手引导界面中单击"下一页"按钮逐步查看应用说明，并接受系统派给的多项任务后，QQ农场申请开通成功就可以玩偷菜了。

9.3 大圣技术流，博客传知识

　　太白金星不知道从什么地方打听到博客，便找到沙僧询问。可沙僧一窍不通啊，为了不丢脸面，于是他又去问写博客的悟空了。

"大师兄，什么是博客？"

"就是网络日志啊。"

"日志？那你在博客里面都写些什么？"

"哦，我因为不像木子美那样敢写，没有流氓燕丑，又没有竹影青瞳敢脱，也不想学芙蓉姐姐那样写一些遭吐的内容，所以只能简单地发布一些流水记录，顺便阅读一下别人的日志。"

"哦，那你的博客肯定不招人喜欢。"

"这有什么关系，只要记录下我自己的生活点滴和感悟就可以了。"

9.3.1 使用博客

　　"博客"也称为网络日志，是一种通常由个人管理、不定期张贴新文章的个人主页。人们可以在博客日记中记录自己的文章，发表对事物的观念和见解以及对一些现象的感慨等。

光盘同步文件
同步视频文件：光盘\视频教学\第9章\9-3-1.mp4

1. 申请博客

要想拥有自己的博客空间，首先要到提供博客服务的网站注册博客账号并开通空间。目前很多知名网址都提供了博客空间服务，如搜狐、网易、新浪等。下面介绍在"新浪"网注册博客账号的具体方法。

Step 01

❶在IE浏览器地址栏中输入"http://www.sina.com.cn"，打开"新浪"网首页；❷单击"博客"超链接。

Step 02

进入博客首页，单击页面中的"开通新博客"按钮。

Step 03

❶在打开的页面中填写相应的注册信息，如"邮箱地址、登录密码"等，填写完后；❷单击"注册"按钮。

Step 04

在打开的页面中单击"点此进入QQ邮箱"按钮。

Step 05

进入注册邮箱页面，单击激活超链接。

Step 06

在打开的页面中单击"快速设置我的博客"按钮。

Step 07

在打开的页面中设置博客风格，这里保持默认设置，单击"确定，并继续下一步"按钮。

Step 08

在打开的页面中单击"完成"按钮,完成博客的注册。

2. 发布博客

　　成功注册博客账号后,就可以登录到自己的博客空间发布自己的文章了。发布博客文章的具体方法如下。

Step 01

在成功注册博客页面中,单击"立即进入我的博客"按钮。

友情提示

以后可进入新浪博客首页,输入登录名和密码后单击"登录"按钮。进入博客页面后单击"我的博客"超链接进入个人博客页面。

Step 02

进入个人博客页面,单击页面下方的"发博文"超链接。

Step 03

在页面中输入博客内容，然后单击"发博文"按钮。

Step 04

提示"博文已发布成功"，单击"确定"按钮即可。

9.3.2 使用微博

微博就是微型博客，是一种非正式的迷你型博客。用户可以通过网页、手机以及各种客户端组建个人社区，以140字以内的文字或符号传达自己想说的信息，并实现即时分享传播。

光盘同步文件
同步视频文件：光盘\视频教学\第9章\9-3-2.mp4

1. 申请微博

目前能够开通微博的网址也有很多，如腾讯、网易、新浪等，以新浪微博使用最为广泛。用户如果有新浪邮箱可直接使用新浪邮箱登录，如果没有，就需要先申请微博。在新浪网申请微博的具体方法如下。

Step 01

进入新浪网首页，单击"微博"超链接。

Step 02

进入微博首页，单击"立即注册微博"按钮。

Step 03

输入电子邮箱注册页面，❶输入和选择注册信息，如邮箱名称、密码、昵称和性别等；❷单击"立即开通"按钮。

Step 04

打开"请输入验证码"对话框，❶输入图片中问题的正确答案；❷单击"确定"按钮。

马上激活邮件，完成注册吧！

确认邮件已经发送到你的邮箱 1791343175@qq.com
点击邮件里的确认链接即可登录新浪微博

立即查看邮箱

请用你的注册邮箱发任意内容的邮件到 sinaweibo@vip.sina.com ，2分钟后自动激活

Step 05
在打开的页面中单击
"立即查看邮箱"按钮。

感谢你注册新浪微博！

你的登录名为：**1791343175@qq.com**

请马上点击以下注册确认链接，激活你的新浪微博帐号！

http://weibo.com/signup/signup_active.php?username=1791343175@qq.
506ce2fb89b8f89244d1e1ad521e2ae

（该链接在48小时内有效，48小时后需要重新注册）

Step 06
进入注册邮箱页面，单
击激活超链接。

Step 07
认证成功后，跳转到新
浪微博页面，根据提示
添加微博好友。

2. 发表微博

成功完成注册后，用户就可以在自己的首页中发布微博了，以最简
洁、最直白的语言方式告诉其他人自己在此刻的见解与感悟。发表微博
的方法非常简单，具体方法如下。

Step 01
进入个人微博首页，❶
在文本框中输入需要发
表的微博内容；❷单击
"发布"按钮。

Step 02
发表成功后，在下方的
列表中可以看到发表的
内容。

秘技偷偷报——网上娱乐有技巧

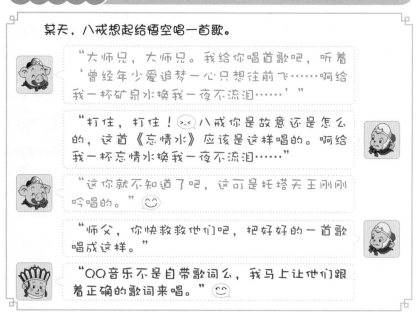

某天，八戒想起给悟空唱一首歌。

"大师兄，大师兄。我给你唱首歌吧，听着'曾经年少爱追梦一心只想往前飞……啊给我一杯矿泉水换我一夜不流泪……'"

"打住，打住！八戒你是故意还是怎么的，这首《忘情水》应该是这样唱的。啊给我一杯忘情水换我一夜不流泪……"

"这你就不知道了吧，这可是托塔天王刚刚吟唱的。"

"师父，你快救救他们吧，把好好的一首歌唱成这样。"

"QQ音乐不是自带歌词么，我马上让他们跟着正确的歌词来唱。"

光盘同步文件
同步视频文件：光盘\视频教学\第9章\秘技偷偷报.mp4

01 在听音乐时显示同步歌词

在使用QQ音乐播放软件播放音乐时，如果想要学习歌曲，就需要显示同步歌词，QQ软件可以在播放音乐的同时显示音乐的同步歌词，具体方法如下。

方法

在播放音乐时，单击QQ音乐界面上的"歌词"按钮即可显示歌词。

02 邀请好友一起游戏

在游戏大厅玩游戏时，如果不想和陌生人玩游戏，我们可以只邀请QQ中的好友或在QQ游戏中结识的好友一起玩，具体方法如下。

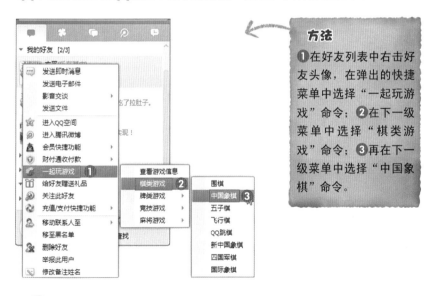

方法

❶在好友列表中右击好友头像，在弹出的快捷菜单中选择"一起玩游戏"命令；❷在下一级菜单中选择"棋类游戏"命令；❸再在下一级菜单中选择"中国象棋"命令。

03 转发和评论他人的微博

微博是以个人面向网络的即时广播，添加自己想关注的人，以群聚的方式形成一个自己的听众群落。同时，人们还可以查看其他人的微博内容，当对别人的微博感兴趣时，可以对其微博进行评论和转发，具体方法如下。

Step 01

单击感兴趣微博内容右下角的"转发"超链接。

Step 02

❶在文本框中输入评论内容；❷单击"转发"按钮。

Step 03

转发成功后，可以看到转发结果以及自己发表的评论。

教您一招——评论微博的方法

转发和评论微博也可以独立操作，如只需要评论某好友的微博，可以单击微博内容右下角的"评论"超链接，在打开的文本框中输入文字并单击"评论"按钮即可。另外，无论是发布还是转发微博，都应注意不要带有负面信息。否则发布的微博会被删除，或者会被屏蔽只有自己能看见。

增长见识 增加微博粉丝的妙招

认识更多的人，说更多有意思的话。微博，正在悄然改变大家的社交方式。微博中粉丝的数量代表了该用户的影响力，所以很多人都在通过各种方法增加自己的粉丝数量。

增加粉丝数量首先需要装扮自己的微博空间，这样才能吸引更多的人来关注，同时也展现了自己个性的一面。要装扮微博空间，只需单击微博页面右上角的"模板设置"按钮，在打开的页面中选择要设置的模板，然后单击"保存"按钮即可，如下图所示。

除了装扮微博空间以外，提高自己微博的活跃度和含金量才是吸引更多网友注意的根本办法，例如，多发微博，多与网友互动。也可以在他人微博首页上单击"求关注"超链接，主动求关注，另外，用户还可以去一些比较活跃的群里主动发言求互粉。

当用户的微博头像积极向上（最好是本人真实头像），微博账号又成功绑定手机，且粉丝数和关注数都超过100，有效互粉数超过30（绑定手机的用户为有效互粉）时，就可以申请微博达人了。

微博会员是新浪微博为用户提供的VIP服务，微博会员能提升用户在微博中的影响力，可享受身份特权、功能特权、手机特权、安全特权四大类特权服务，还能参加会员专属活动。微博会员是收费服务，只要通过网站提供的支付方式支付会费即可开通。

Word使用真方便
大圣教授编文件

　　话说唐僧师徒开办的电脑培训学校也有一段时间了，玉帝突然告知唐僧要抽检众仙的学习情况。

"哎呀，怎么说抽检就抽检了啊。以他们现在痴迷网络游戏的状态，怎么应付抽检啊。"

"师傅，莫着急。我们反而可以让他们先根据自己的学习情况制作一份总结报告给玉帝，来个先发制人。"

"这倒是个不错的主意，就这么办吧。悟空，要立即交代下去啊。"

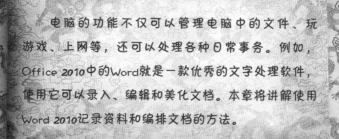

　　电脑的功能不仅可以管理电脑中的文件、玩游戏、上网等，还可以处理各种日常事务。例如，Office 2010中的Word就是一款优秀的文字处理软件，使用它可以录入、编辑和美化文档。本章将讲解使用Word 2010记录资料和编排文档的方法。

10.1 玉帝要抽检，报告速速编

当悟空将玉帝要抽检的事情告诉给学员们后，大家都积极配合他的要求编写了学习总结报告交给他。

 "师父，我刚刚收齐了学员们交上来的总结报告，已经转发到公司邮箱😊，你需要现在看吗？"

😊 "真是辛苦你了。悟净，快打开看看他们写得如何。"

 "是，师父！"沙僧急忙打开办公邮箱，收取其中的邮件，"师父，他们都是用记事本编写的文档哦。"😊

"啊😟，这样满篇文字，又没有设置格式。呈给玉帝，岂不自讨苦吃。不行不行！悟空，这便如何是好啊？"😟

 "嘿……师傅放心去吧，有俺老孙呢！我立马教他们使用Word编辑文档。"

10.1.1 启动Word 2010

Word 2010是目前使用最为广泛的文字处理软件，使用它可以进行文字录入与编排，也可以制作表格和图形等对象。

要使用Word，首先要安装Office 2010程序，安装完成后Office的所有组件会自动添加到"开始"菜单的"所有程序"列表中。因此，我们可以通过"开始"菜单启动相关的组件程序。例如，启动Word 2010的具体方法如下。

 光盘同步文件
同步视频文件：光盘\视频教学\第10章\10-1-1.mp4

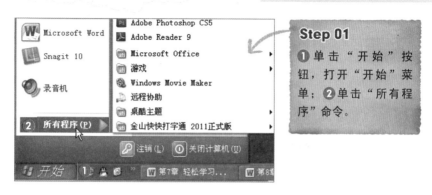

Step 01

❶单击"开始"按钮,打开"开始"菜单;❷单击"所有程序"命令。

Step 02

❶在打开的程序菜单中单击Microsoft Office命令;❷单击菜单中的"Microsoft Word 2010"命令即可。

教您一招——启动Word 2010的其他方法

安装Word 2010后,在电脑桌面上创建了组件的快捷方式,可以双击该快捷方式图标启动Word 2010。也可以从"我的电脑"或"资源管理器"窗口中找到Word文档并双击,在打开Word 2010程序窗口的同时打开该文件。

10.1.2 熟悉Word的工作界面

启动Word 2010程序后,呈现在眼前的是其工作界面,如下图所示。中老年朋友只有熟悉了Word 2010的工作界面后,才能灵活地进行操作,使用起来也更加得心应手。Word 2010的工作界面主要由快速访问工具栏、标题栏、功能区、编辑区、状态栏和视图栏等几部分组成。

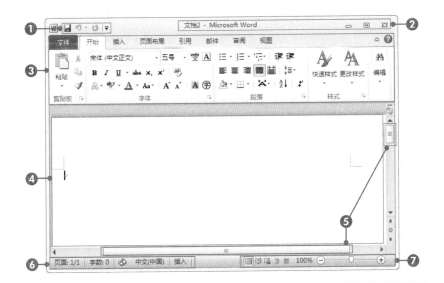

① 快速访问工具栏：用于显示一些常用的工具按钮，默认包括"保存"按钮、"撤销"按钮和"恢复"按钮，单击它们可执行相应的操作

② 标题栏：显示了文档名称和程序名称，还提供有窗口控制按钮组。单击相应的窗口控制按钮，可控制窗口大小和关闭窗口

③ 功能区：用于放置编辑文档时所需的常用命令。系统根据执行的核心任务的不同，将不同类型的命令划分为不同的选项卡，默认情况下，功能区顶部有8个选项卡。每个选项卡中又分为不同的组，组将执行特定类型任务时可能用到的相关命令放到一起，并在执行任务期间一直处于显示状态，保证可以随时使用。某些组右下角有"对话框启动器" □，单击该按钮可以打开相应的对话框

④ 编辑区：用于显示和编辑文档内容的区域，用户对文档进行的各种操作结果都显示在该区域中。编辑区中不停闪烁的光标称为文本插入点，用于输入文本内容和插入各种对象

⑤ 滚动条：分为水平滚动条和垂直滚动条，拖动滚动条可以查看文档中未显示的内容

⑥ 状态栏：用于显示文件当前页数、总页数、字数和文档检错结果以及输入法状态等内容

⑦ 视图栏：包括视图按钮组、当前显示比例和调节页面显示比例的控制杆。单击不同的视图按钮可使用不同的模式查看文档内容

10.1.3 录入一份资料

启动Word 2010后，系统将自动新建一篇名称为"文档1"的空白文档，此时，可以在Word中"写"字了。中老年朋友可以记录生活中的点点滴滴，也可以创作诗词、散文等文章。在Word文档中录入内容的具体方法如下。

光盘同步文件
同步视频文件：光盘\视频教学\第10章\10-1-3.mp4

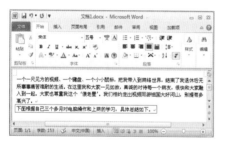

Step 01

切换到常用的输入法状态下，❶在默认的文本插入点处输入文本内容，当文字到达文档最右边界时会自动换行；❷按Enter键另起新段落，同时文本插入点移至下一段行首。

Step 02

输入其他文字内容。

友情提示

当文本输入错误或有多余的文字时，可以按键盘上的Back Space键删除文本插入点左侧的文字，按Delete键删除文本插入点右侧的文字。

10.1.4 保存文档

当完成文本的编辑后就需要保存文档，即将其存放在电脑中指定的文件夹中，方便以后查看。保存文档的具体方法如下。

光盘同步文件
同步视频文件：光盘\视频教学\第10章\10-1-4.mp4

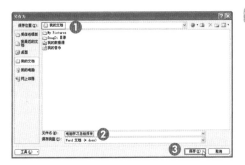

教您一招——另存文档的技巧

一般情况下，对已有文档进行编辑修改后，若需要让原文
件以现有文件内容进行保存，直接在"文件"菜单中单击"保
存"命令即可。若希望在保持原有文件内容不变的情况下保存
现有文档内容，则必须使用"另存为"命令，在打开的对话框
中设置文件保存的新位置或以新文件名进行保存。

10.1.5 关闭与退出Word 2010

当编辑完一篇Word文档并对其保存后，可以将其关闭以节省电脑的
内存空间。当不再使用Word 2010程序时，应该退出整个程序，从而减少
打开程序的数量，以提高电脑的运行速度。

光盘同步文件
同步视频文件：光盘\视频教学\第10章\10-1-5.mp4

1. 关闭Word 2010

在电脑中关闭Word 2010只会关闭当前文档窗口，并不影响其他打开的Word窗口。关闭Word 2010的具体方法如下。

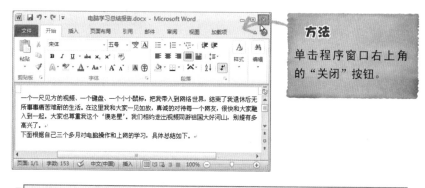

方法

单击程序窗口右上角的"关闭"按钮。

教您一招——关闭文档的技巧

除了通过单击"关闭"按钮关闭Word 2010外，还可以在"文件"菜单中选择"关闭"命令进行关闭。单击程序窗口左上角的程序图标 W，在弹出的菜单中单击"关闭"按钮也可关闭Word 2010。

2. 退出Word 2010

退出Word 2010程序将关闭所有打开的文档窗口，具体方法如下。

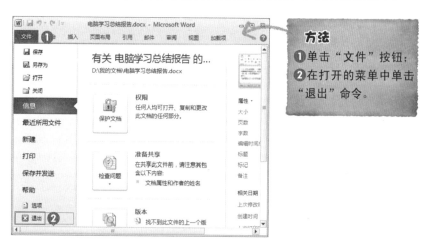

方法

❶单击"文件"按钮；
❷在打开的菜单中单击"退出"命令。

10.2 悟空传授文档修改技巧

上一堂课后，学员们交上来的文档普遍短小，没有达到编写的目的。悟空又给他们传授了一些文档修改方面的技巧，要求他们再根据自己的上网经历写一篇有关中老年养生的心得体会。

 "大师兄，这次这帮学员们交上来的作业写得可以哦。"

"是吗？看来被我狠狠批了一顿，还是有所长进嘛。" >.<

 ☺ "……大师兄，二师兄，那天太上老君来跟我抱怨，说布置的作业太难了。后来……"

☺ "后来怎么了？你快说呀！"

 "后来我就让他们在网上搜索感兴趣的内容，在其上面进行修改的。" ☺

"好你个沙师弟，可给他们出了个好点子啊，难怪他们不到三分钟就写好了，我还纳闷呢。"

10.2.1 文档内容的选择方法

在对文档内容进行编辑时，首先要选择文本，然后才能对内容进行编辑。利用鼠标或键盘即可选择文本，被选中的文本将以蓝色背景显示。在Word 2010中，选择文档内容分为多种情况。下面介绍常见的选择方法。

1. 选择任意数量的文本

要选择任意数量的文本，只需在文本的开始位置按住鼠标左键不放并拖动，直到文本结束位置再释放鼠标，即可选择文本开始位置与结束位置之间的文本。要选择一个单词或词组时也可双击鼠标左键进行选择。

2. 选择一行或多行文本

要选择一行或多行文本，可将鼠标指针移动到文档左侧的空白区域，即选定栏，当鼠标光标变为⇗形状时，单击鼠标左键即可选定该行文本；按住鼠标左键不放并向下拖动鼠标即可选择多行文本，效果如下图所示。

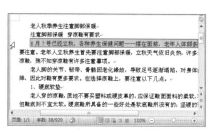
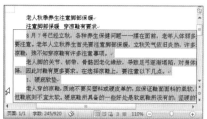

3. 选择一段文本

如果要选择一段文本，可以通过拖动鼠标进行选择，也可以将鼠标指针移到选定栏，当其变为⇗形状时双击鼠标左键选择，还可以在段落中的任意位置连续单击鼠标左键3次进行选择。

4. 选择整篇文档

按Ctrl+A组合键可快速选择整篇文档，将指针移到选定栏，当其变为⇗形状时，连续单击鼠标左键3次也可以选择整篇文档。

10.2.2 移动与复制文档内容

使用移动与复制操作，可以提高文本编辑速度。在文档中可以作为移动与复制的对象有字、词、段落、表格或图片等。

光盘同步文件

素材文件：光盘\素材文件\第10章\老年人立秋养生.docx

结果文件：光盘\结果文件\第10章\老年人立秋养生.docx

同步视频文件：光盘\视频教学\第10章\10-2-2.mp4

1. 移动文本位置

在输入文档内容时，如果输入的位置不正确，无需删除后重新输入，可以通过移动操作快速将其移动到目标位置，具体方法如下。

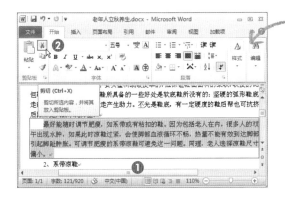

Step 01

打开"老年人立秋养生"文档，❶选择文档中要移动的内容；❷单击"开始"选项卡"剪贴板"工具组中的"剪切"按钮将其剪切到剪贴板中。

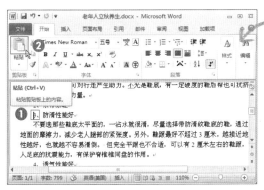

Step 02

经过上步操作，选择的文本会消失。❶将文本插入点定位到要将原文本移动到的目标位置；❷单击"剪贴板"工具组中的"粘贴"按钮。

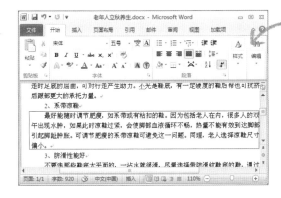

Step 03

经过以上操作，即可将所选内容移动到指定的目标位置。

2. 复制文本内容

在编辑文档时，如果需要在多处输入相同的文本，则可以通过复制操作快速实现。复制内容是将原位置的内容复制到目标位置后，原位置的内容仍然保留。复制文本内容的具体方法如下。

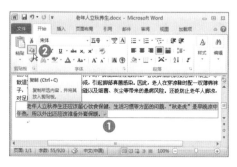

Step 01

❶选择文档中要复制的内容；❷单击"开始"选项卡"剪贴板"工具组中的"复制"按钮。

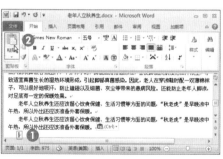

Step 02

❶将文本插入点定位到目标位置；❷单击"剪贴板"工具组中的"粘贴"按钮即可。

10.2.3 查找与替换文档内容

在Word中，查找与替换是一项非常有用的功能，通过查找功能可以快速对文档内容进行查找并突出显示，而通过替换功能可以快速对文档内容进行修改。

光盘同步文件

素材文件：光盘\素材文件\第10章\老年人立秋养生2.docx

结果文件：光盘\结果文件\第10章\老年人立秋养生2.docx

同步视频文件：光盘\视频教学\第10章\10-2-3.mp4

1. 查找文本

Word 2010增强了查找功能，可以帮助我们在文档中查找任意字符，包括中文、英文、数字和标点符号等，查找其是否出现在文本中及在文本中的具体位置。例如，在"老年人立秋养生2"文档中查找"老人"文本的具体方法如下。

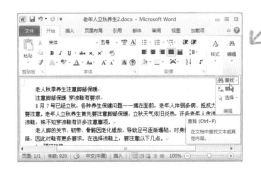

Step 01
打开"老年人立秋养生2"文档，单击"开始"选项卡"编辑"工具组中的"查找"按钮。

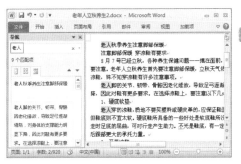

Step 02
打开"导航"任务窗格，在搜索文本框中输入要查找的文本"老人"，Word会自动以黄色底纹显示查找到的文本内容。

2. 替换文本

替换内容是将查找到的内容更换成其他内容。利用替换功能可以提高录入效率，并有效地修改文档。这种功能适用于在长文档中修改大量错误的文本。例如，将文档中的"老人"替换为"老年人"的具体方法如下。

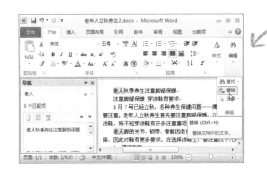

Step 01
单击"开始"选项卡"编辑"工具组中的"替换"按钮。

Step 02

打开"查找和替换"对话框，❶在"替换为"文本框中输入要替换为的文本"老年人"；❷单击"全部替换"按钮。

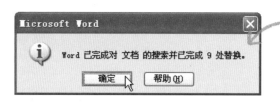

Step 03

在打开的对话框中单击"确定"按钮，完成替换操作。

10.3 文档要耐看，排版要美观

为了让大家制作的文档更加美观，悟空在讲台上认真地讲解文档排版的相关知识，可太上老君却在下面睡着了，悟空很生气。

"八戒，你去把太上老君叫醒！"

"是你把他弄睡着的你自己叫。"八戒用很不屑的口气说。

"八戒！怎么和大师兄说话呢？还不快去。"

"唉……我看你们中有些人来上培训课就是上课睡觉，下课撒尿，没事拍照，一问什么都不知道。跟旅游是一样的。"

10.3.1 设置文档字体

对文档内容进行格式设置，可以使文档内容层次分明、主题突出，方便阅读，同时也会减少视觉疲劳。下面介绍为文档设置字体、字号和颜色的方法。

光盘同步文件
素材文件：光盘\素材文件\第10章\老年人立秋养生3.docx
结果文件：光盘\结果文件\第10章\老年人立秋养生3.docx
同步视频文件：光盘\视频教学\第10章\10-3-1.mp4

1. 设置字体

在Word中字体分为中文字体和英文字体两类，每一类字体下又有形态各异的多种字体，每种字体又具有不同的风格和特点。默认情况下，Word中的中文字体为"宋体"。更改字体的具体方法如下。

Step 01

打开"老年人立秋养生3"文档，选择要设置的标题文本。

Step 02

❶单击"开始"选项卡"字体"工具组中"字体"右侧的下三角按钮；❷在弹出的下拉列表中选择"微软雅黑"选项。

2. 设置字号

Word文档中默认输入的字号为"五号"。中老年朋友的视力比较弱，可以将字号设置大一点，方便阅读，具体方法如下。

Step 01

按Ctrl+A组合键全选文档文本。

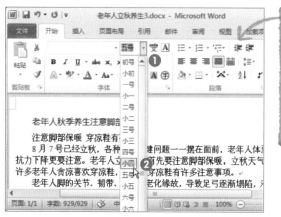

Step 02

❶单击"开始"选项卡"字体"工具组中"字号"右侧的下三角按钮;❷在弹出的下拉列表中选择"小四"选项。

Step 03

使用同样的方法,将文档中标题的字号设置为"二号"。

3. 设置文字颜色

为了让标题文本更加醒目,一般会为其设置与正文不同的颜色,具体方法如下。

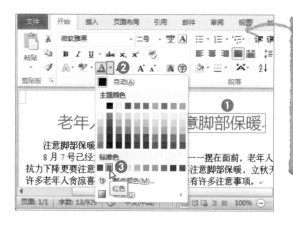

方法

❶选择文档中的标题文本,❷单击"开始"选项卡"字体"工具组中"字体颜色"右侧的下三角按钮;❸在弹出的下拉列表中选择"红色"选项。

友情提示

在"开始"选项卡"字体"工具组中选择相应的选项或单击对应按钮，还可以对文本字形、下划线和删除等进行设置。

10.3.2 设置段落格式

一般情况下，一篇文档是由多个段落组成的，设置段落格式即是对整个段落的外观进行设置。包括设置段落的对齐方式、段落缩进和段落间距等格式。下面分别进行讲解。

光盘同步文件
素材文件：光盘\素材文件\第10章\老年人立秋养生4.docx
结果文件：光盘\结果文件\第10章\老年人立秋养生4.docx
同步视频文件：光盘\视频教学\第10章\10-3-2.mp4

1. 设置段落对齐方式

默认情况下，Word文档中输入的文本为正文样式，对齐方式为两端对齐。用户可根据实际需要设置段落的对齐方式，常用的对齐方式有左对齐、居中对齐、右对齐、两端对齐和分散对齐几种。设置"老年人立秋养生4"文档中标题段落的对齐方式的具体方法如下。

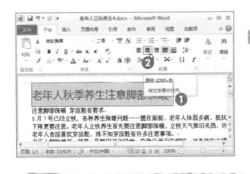

Step 01

打开"老年人立秋养生4"文档，❶拖动鼠标选择标题文本；❷单击"段落"工具组中的"居中"按钮。

Step 02

经过上步操作，即可为选择的标题段落设置为居中对齐。

2. 设置段落缩进

一般文档中的正文段落都规定首行缩进两个字符。为了强调某些段落，有时候也可设置其他缩进量。设置"老年人立秋养生4"文档中的正文段落为首行缩进两个字符的具体方法如下。

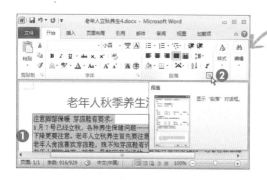

Step 01

❶选择文档中除标题外的所有段落；❷单击"段落"工具组右下角的对话框启动器。

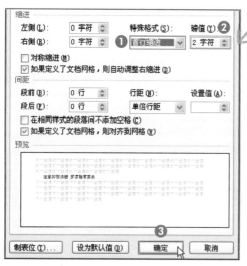

Step 02

打开"段落"对话框，❶在"特殊格式"下拉列表框中选择"首行缩进"选项；❷设置"磅值"为"2字符"；❸单击"确定"按钮。

友情提示

在段落对话框的"左侧"或"右侧"文本框中输入缩进量数值，可对所选段落中每一行文本实现左缩进或右缩进相同的缩进量。

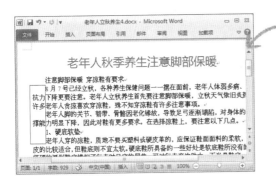

3. 设置段落间距

在"段落"对话框中除了能设置段落"缩进"格式外，还可以调整段落的行间距、段间距等。段间距用于设置段落与段落之间的距离，行距用于设置各行文本之间的距离。例如，要设置"老年人立秋养生4"文档中的行距为22磅的具体方法如下。

Step 01
选择文档中除标题外的所有段落，单击"段落"工具组右下角的对话框启动器。

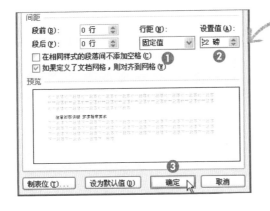

Step 02
打开"段落"对话框，
❶在"行距"下拉列表
框中选择"固定值"选
项；❷"设置值"为
"22磅"；❸单击"确
定"按钮。

Step 03
经过以上操作，即可为选择的段落设置固定行距为22磅的效果。

秘技偷偷报——Word应用小技巧

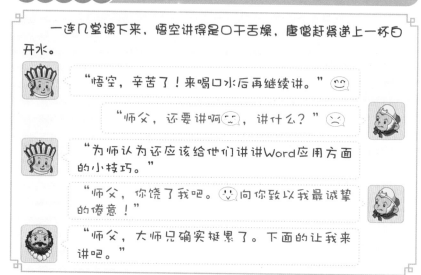

一连几堂课下来，悟空讲得是口干舌燥，唐僧赶紧递上一杯白开水。

"悟空，辛苦了！来喝口水后再继续讲。"

"师父，还要讲啊，讲什么？"

"为师认为还应该给他们讲讲Word应用方面的小技巧。"

"师父，你饶了我吧。向你致以我最诚挚的倦意！"

"师父，大师兄确实挺累了。下面的让我来讲吧。"

光盘同步文件
同步视频文件：光盘\视频教学\第10章\秘技偷偷报.mp4

01 让Word定时自动保存

使用Word的过程中，有时难免会遇到突然断电、死机等意外情况而关闭程序。这些意外的发生，会造成一些数据的丢失。为了减少数据的丢失，Word 2010提供了"自动保存"的功能。设置定时自动保存的具体方法如下。

Step 01

❶单击"文件"按钮；
❷在弹出的菜单中单击"选项"命令。

Step 02

打开"Word 选项"对话框，❶单击"保存"选项；❷在右侧设置保存自动恢复信息时间间隔为"8分钟"；❸单击"确定"按钮。

02 在文档中插入图片

在编辑文档时，如果只是文字会显得文档太简单和单调，此时，可以在文档中插入相应的图片来美化文档。插入图片的具体方法如下。

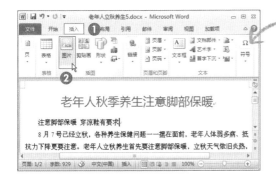

Step 01

在文档中要插入图片的位置定位文本插入点，❶单击"插入"选项卡；❷单击"插图"工具组中的"图片"按钮。

Step 02

打开"插入图片"对话框，❶选择图片文件所在的位置；❷选择要插入的图片；❸单击"插入"按钮。

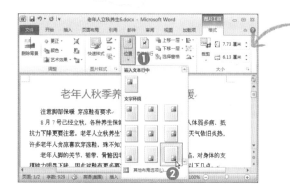

Step 03

在"图片工具"下的"格式"选项卡中，❶单击"排列"工具组中的"位置"按钮；❷在弹出的下拉列表中选择"底端居右"选项，调整图片的位置。

03 设置图片格式

通常情况下，插入的图片并不能满足用户排版的需要，我们可以对其进行编辑。Word 2010中图片的编辑功能得到了进一步加强，并且有了丰富的图片样式，可以方便地美化插入的图片效果。设置"老年人立秋养生6"文档中图片格式的具体方法如下。

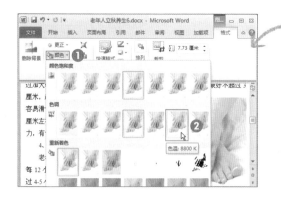

Step 01

选择文档中要设置的图片，❶单击"图片工具"下的"格式"选项卡"调整"工具组中的"颜色"按钮；❷在弹出的下拉列表中选择"色温：8800K"选项。

Step 02

❶单击"图片样式"工具组中的"快速样式"按钮；❷在弹出的下拉列表中选择需要的图片样式即可。

04 在文档中插入艺术字

在编辑文档时，如果需要文字更加美观，可以直接输入艺术字。如带阴影、扭曲、旋转和拉伸等特殊效果的文字。插入艺术字的具体方法如下。

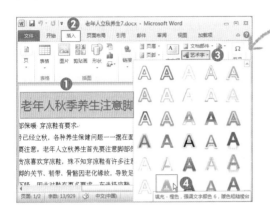

Step 01

❶选择文档中需要作为艺术字内容的文本；❷单击"插入"选项卡；❸单击"文本"工具组中的"艺术字"按钮；❹在弹出的下拉列表中选择一种艺术字样式。

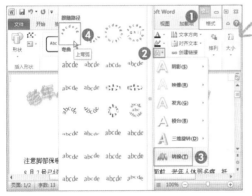

Step 02

经过上步操作，即可将文本内容转换为艺术字样式，❶单击"绘图工具"下的"格式"选项卡；❷在"艺术字样式"工具组中单击"文本效果"按钮；❸在弹出的下拉列表中单击"转换"选项；❹在下一级列表中单击"上弯弧"选项。

Step 03

经过以上操作，即可得到编辑后的艺术字效果。

友情提示

也可以通过上面的方法先插入艺术字文本框，然后输入需要的文本内容。

05 在文档中插入表格

在Word 2010中还能制作各种类型的表格。例如，要制作"作息时间表"的具体方法如下。

Step 01

新建一个空白文档，并将其以"作息时间表"为文件名进行保存。

Step 02

❶单击"插入"选项卡；❷单击"表格"工具组中的"表格"按钮；❸在弹出的下拉列表中单击"插入表格"选项。

Step 03

打开"插入表格"对话框，❶在"列数"文本框中输入"3"；❷在"行数"文本框中输入"23"；❸单击"确定"按钮。

友情提示

在第二步的"表格"下拉列表中的"插入表格"下拖动鼠标指针选择相应的方格数，即可创建相应行列数的表格。

Step 04

经过以上操作，即可在文档中插入一个23行3列的表格，然后在表格中输入相关内容。

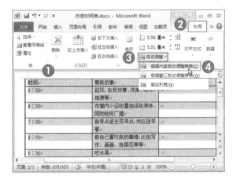

Step 05

❶选择表格中的所有内容；❷单击"表格工具"下的"布局"选项卡；❸在"单元格大小"工具组中单击"自动调整"按钮；❹在弹出的下拉列表中单击"根据内容自动调整表格"选项。

Step 06

保持表格内容的选择状态，将鼠标指针指向第一列与第二列之间的列线，当指针变成双箭头形状时向右拖动鼠标调整第一列的宽度。

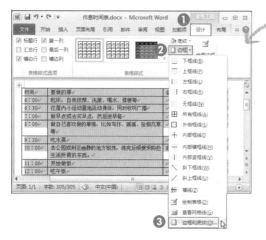

Step 07

Step 07

❶单击"表格工具"下的"设计"选项卡; ❷在"表格样式"工具组中单击"边框"按钮; ❸在弹出的下拉列表中单击"边框和底纹"选项。

Step 08

打开"边框和底纹"对话框, ❶在"宽度"下拉列表框中选择"3.0磅"选项; ❷在"样式"列表框中选择粗线样式; ❸在左侧的"设置"下单击"虚框"选项; ❹单击"确定"按钮。

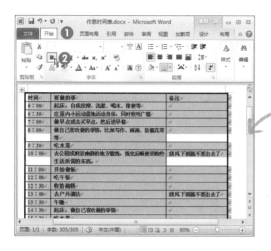

Step 09

经过以上操作, 即可为表格设置相应的边框效果, ❶单击"开始"选项卡; ❷在"字体"工具组中单击"加粗"按钮。

用户初学Word时，难免会遇到不懂的问题，除了向一些Word高手请教外，还可以通过Word 2010软件寻求帮助。

在功能区最右侧有"Microsoft Word帮助"按钮，单击该按钮即可启动Word 2010自带的联机帮助，在其中可以查找到需要的帮助信息。获取Word帮助主要有通过关键字获取帮助和直接获取帮助两种方法。

通过关键字获取Word联机帮助的方法与网上通过搜索引擎搜索信息的方法相同，即单击"Microsoft Word帮助"按钮，打开"Word帮助"窗口，在"搜索"文本框中输入需要获取帮助信息的关键字，然后单击右侧的"搜索"按钮即可。

如果不清楚需要查找的内容的具体名称，只知道内容的大概分类时，可以在"Word帮助"窗口中单击需要查找的内容所在类别的超链接，直到在打开的窗口中找到需要查找的详细帮助信息。下图所示为通过超链接依次查找到的帮助信息。

电脑维护重中重
悟净示范堵漏洞

这天，唐僧刚吃完早饭正要出门散步，忽然瞧见太白金星慌慌张张地向大门跑去。

 "八戒，太白秘书长跑什么？"

 "他用的电脑中毒了。"

 "这跟他跑有什么关系？"

 "他害怕自己也被传染，要去看医生。"

 ☺·······

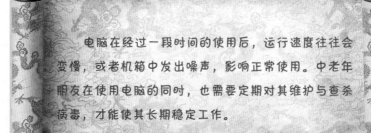

电脑在经过一段时间的使用后，运行速度往往会变慢，或者机箱中发出噪声，影响正常使用。中老年朋友在使用电脑的同时，也需要定期对其维护与查杀病毒，才能使其长期稳定工作。

11.1 电脑不正常，悟净杀毒忙

为了避免天庭不明真相的神仙们以讹传讹，唐长老赶紧吩咐沙僧把太白金星追回来。

"搞定了吗？"

"搞定了。太白秘书长情绪稳定，表示再也不跑了。"

"干得好！"

"这次多亏了大师兄帮忙。"

"又使用暴力了？"

"没有，大师兄只是拿着金箍棒在门口晃了一下，病毒是我用金山毒霸杀的。"

11.1.1 认识电脑病毒

电脑病毒是一种电脑程序，只能感染电脑，不能感染人类，所以太白金星的担心是多余的。之所以称其为病毒，是因为它和生物病毒一样，具有复制和传播能力。同样，电脑病毒也不是独立存在的，而是寄生在其他可执行程序中，具有很强的隐蔽性和破坏性，一旦达到病毒发作的要求，便影响电脑的正常工作，甚至使整个系统瘫痪。右图所示为熊猫烧香病毒发作时的情景。

1. 电脑病毒的分类

按传染对象分，病毒可以划分为以下几类。

- 文件型病毒：这类病毒攻击的对象是文件，并寄生在文件中。当文件被装载时，首先运行病毒程序，然后才运行用户指定的文件。
- 操作系统型病毒：这类病毒程序作为操作系统的一个模块在系统中运行，一旦激发，它就工作。
- 网络型病毒：这类病毒感染的对象不再局限于单一的模块和单一的可执行文件，而是更加综合、隐蔽。如Word、Excel、电子邮件等。
- 复合型病毒：这类病毒将操作系统型病毒和文件型病毒结合在一起，这种病毒既感染文件，又感染引导区。

2. 电脑病毒的特点

一般比较常见的电脑病毒，具有以下5个特性。

- 危害性：病毒的危害性是显然的，几乎没有一个无危害的病毒。它的危害性不仅体现在破坏系统、删除或者修改数据方面，而且还要占用系统资源等。
- 传染性：电脑病毒程序是能够将自身的程序复制给其他程序（文件型病毒），或者放入指定的位置，如引导扇区（引导型病毒）。
- 欺骗性：每个电脑病毒都具有特洛伊木马的特点，用欺骗手段寄生在其他文件中，一旦该文件被加载，就会发作。
- 潜伏性：从被感染上电脑病毒到电脑病毒开始运行，一般需要经过一段时间。当满足一个指定的环境条件时，病毒程序才开始活动。
- 隐蔽性：电脑病毒的隐蔽性使得人们不容易发现它。例如，有的病毒要等到某个月13日并且星期五才发作，平时的日子不发作。

11.1.2 如何预防电脑病毒

电脑病毒就像生物病毒作用于人体一样，对电脑具有非常大的危害，严重的甚至可以损坏硬件，那么该如何来预防电脑病毒呢？用户在防范病毒时，一般应注意以下几点。

- 及时更新系统补丁：微软公司每隔一段时间会发布系统安全方面的补丁程序，以修补最新发现的系统漏洞，用户应及时更新。
- 安装防病毒软件：安装防病毒软件可以有效防止病毒的侵入，查杀电脑中的病毒，保护系统安全。
- 安全使用移动存储设备：U盘、移动硬盘等移动存储设备为我们的工作与生活提供了很大便利，同时也带来许多未知因素名号。用户在使用此类设备时，应先进行病毒扫描，防止感染电脑中的文件。

- 谨慎下载资源：下载网络资源时，应确定下载站点为安全网站，下载后的文件也应在第一时间进行查毒。
- 谨慎接收文件：对于陌生人发来的文件，应先确认文件是否安全，对可执行文件应先查杀病毒。
- 谨慎打开邮件附件：接受邮件时，应确认附件文件安全，不要轻易打开附件中的文件。

11.1.3 查杀病毒

防病毒软件是最有效的病毒防护工具，新一代的防病毒软件大都提高了易操作性，用户不需要专业的查杀毒知识，即可轻松查杀电脑中的病毒。金山毒霸是国内用户使用较多的杀毒软件之一。

在金山毒霸中，共有3种查杀病毒的方式，分别是"全盘查杀"、"一键云查杀"及"自定义查杀"。而金山毒霸推荐的方式是"一键云查杀"，方法如下。

光盘同步文件
同步视频文件：光盘\视频教学\第11章\11-1-3.mp4

方法

用户只需打开金山毒霸软件，单击"一键云查杀"按钮，就可通过其内置的4种杀毒引擎。在线查杀病毒。

友情提示

在金山毒霸主界面中，有一个按钮圆盘，上面分别集成了防黑墙、U盘保护、下载保护、上网保护、看片保护、聊天保护、网购保护7种实时保护功能。

11.1.4 修复系统漏洞

　　在金山毒霸中，用户可轻松扫描并修复系统中的漏洞，不给黑客留下可趁之机，具体操作方法如下。

光盘同步文件
同步视频文件：光盘\视频教学\第11章\11-1-4.mp4

Step 01

打开"金山毒霸"主界面，❶单击"防黑墙"按钮；❷单击界面中的"立即扫描"按钮。

Step 02

在扫描结束后，软件会显示扫描结果，对于需要修复的漏洞，只需单击"立即修复"按钮即可。

11.2 八戒偷懒，妙用优化大师

　　唐僧的电脑在杀毒，暂时借八戒的电脑来办公……

"八戒，让你教他们系统维护真是个错误。"

"为什么啊？"

"瞧你的电脑乱得像猪窝，怎么能教好学生呢？"

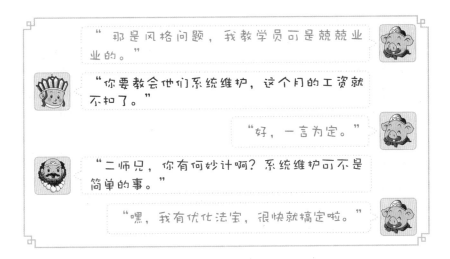

"那是风格问题，我教学员可是就就业业的。"

"你要教会他们系统维护，这个月的工资就不扣了。"

"好，一言为定。"

"二师兄，你有何妙计啊？系统维护可不是简单的事。"

"嘿，我有优化法宝，很快就搞定啦。"

11.2.1 一键优化系统

八戒的优化法宝其实就是Window优化大师，此类系统优化软件以直观的形式将各种优化选项呈现在用户面前，从而免去复杂的操作。通过Window优化大师的自动优化功能，可迅速对系统进行全面优化，具体操作方法如下。

光盘同步文件
同步视频文件：光盘\视频教学\第11章\11-2-1.mp4

Step 01

打开"Windows优化大师"主界面，单击界面中的"一键优化"按钮。

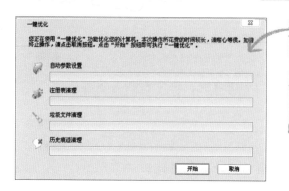

Step 02

在打开的"一键优化"
对话框中显示了要优化
的项目，单击"开始"
按钮即可开始优化。

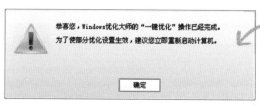

Step 03

优化完成后弹出提示对
话框，单击"确定"按
钮即可。

11.2.2 优化系统参数

如果用户不需要对电脑进行全面优化，只需对系统某一项进行优化，此时，可单独进行设置。例如，对电脑系统参数优化的具体操作方法如下。

光盘同步文件
同步视频文件：光盘\视频教学\第11章\11-2-2.mp4

Step 01

打开"Windows优化大
师"主界面，❶单击
"优化"选项；❷单击
"系统参数优化"选项。

Step 02

打开"系统参数优化"对话框，在"磁盘缓存"选项卡中，❶根据需要设置相应参数；❷单击"优化"按钮。

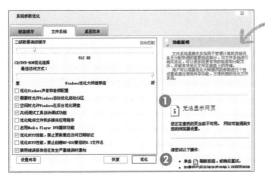

Step 03

在"文件系统"选项卡中，❶根据需要设置相应参数；❷单击"优化"按钮。

Step 04

在"桌面菜单"选项卡中，❶根据需要设置相应参数；❷单击"优化"按钮。

11.2.3 整理磁盘碎片

使用软件内置的磁盘整理工具，还可对电脑中的磁盘进行碎片整理，提高系统性能，具体操作方法如下。

光盘同步文件
同步视频文件：光盘\视频教学\第11章\11-2-3.mp4

Step 01

打开"Windows优化大师"主界面，❶单击"工具"选项；❷单击"磁盘碎片整理"选项。

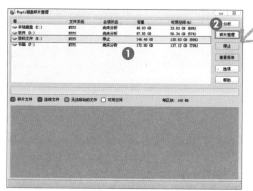

Step 02

在打开的窗口中，❶选择要整理的磁盘分区；❷单击"碎片整理"按钮。

11.3 还原大法，神仙必备

　　唐僧终于允许学员们对电脑随便折腾了，但前提是要做好备份，八戒不想干，于是去找悟空……

"猴哥，托塔天王的电脑崩溃了。"

"他一向不爱折腾，电脑怎么会出事？"

"据说装了个什么测试软件，然后就不行了。"

"病毒？"

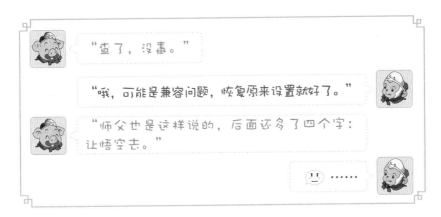

11.3.1 备份个人文件

Windows XP操作系统内置了系统备份与还原功能，无论是电脑中的文件、个人设置还是操作系统，都能轻松进行备份。用户只需做好各种备份就不用担心系统损坏或文件丢失了，具体操作方法如下。

光盘同步文件
同步视频文件：光盘\视频教学\第11章\11-3-1.mp4

Step 01

在"开始"菜单中单击"所有程序"中的"附件"→"系统工具"→"备份"命令，打开"备份或还原向导"对话框，单击"下一步"按钮。

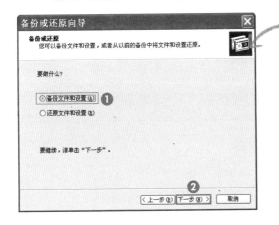

Step 02

在打开的对话框中，❶选中"备份文件和设置"单选按钮；❷单击"下一步"按钮。

Step 03

在打开的对话框中，❶ 选择备份项目，如选中"我的文档和设置"单选按钮；❷ 单击"下一步"按钮。

Step 04

在打开的对话框中，❶ 设置备份保存的位置和名称；❷ 单击"下一步"按钮。

Step 05

设置完成后，单击"完成"按钮即开始备份。

教您一招——恢复备份的文件

若要恢复备份文件，只需在"备份或还原向导"对话框中，选中"还原文件和设置"单选按钮，然后按照提示进行操作即可。

11.3.2 使用系统还原功能

Windows XP提供的系统还原功能，用于当出现安装程序错误、系统设置错误的情况下，将系统还原到之前可以正常使用的状态。

光盘同步文件
同步视频文件：光盘\视频教学\第11章\11-3-2.mp4

Step 01

在"开始"菜单"所有程序"中单击"附件"→"系统工具"→"系统还原"命令。

Step 02

在打开的"系统还原"对话框中，❶选中"创建一个还原点"单选按钮；❷单击"下一步"按钮。

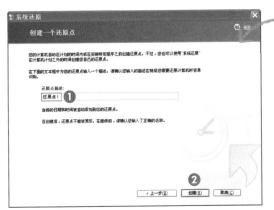

Step 03

打开"系统还原"对话框，❶在"还原点描述"文本框中输入还原点的描述文字；❷单击"创建"按钮。

Step 04

此时，"系统"开始创建还原点，创建完毕后，单击"关闭"按钮即可。

教您一招——恢复系统

若要恢复系统，可在"系统还原"对话框中，选中"恢复我的计算机到一个较早的时间"单选按钮，然后按照提示选择创建的还原点进行恢复即可。

秘技偷偷报——电脑安全防护技巧

"好你个呆子，竟敢骗我替你上课，想挨打不成？"

"猴哥莫动手，我请你吃蟠桃。"

"你哪来的蟠桃？"

"我有师父储藏室的密码，那里面有一车的蟠桃呢。"

"你从哪得到的密码？"

"嘿，我在师父电脑中装了木马，别说储藏室的密码，连他银行卡的密码我都有呢！"

"……还是你狠。"

光盘同步文件
同步视频文件：光盘\视频教学\第11章\秘技偷偷报.mp4

01 在金山毒霸中自定义查杀木马病毒

木马病毒是危害比较大的一种病毒，这种病毒往往潜伏在系统分区中，用户可自定义查杀病毒的范围，有针对性地查杀，方法如下。

Step 01

在金山毒霸主界面中单击"病毒查杀"按钮，在打开的界面中单击"自定义查杀"按钮。

Step 02

打开"金山毒霸"对话框，选择需要扫描的磁盘或位置，然后单击"确定"按钮即可。

02 判断电脑感染病毒的方法

电脑感染病毒后，最有效的方式是通过杀毒软件提示进行判断。如果用户电脑没有安装杀毒软件，也可以通过以下表现判断电脑是否感染病毒。

- 电脑运行比平时速度慢，反应很迟钝。
- 程序载入时间比平时长，有些病毒能控制程序或系统启动程序，当系统开始启动或一个应用程序在打开时，这些病毒将执行它们的动作，因此会花更多时间来载入程序。
- 一些文件莫明其妙地丢失，或者在用户没有复制文件的情况下，磁盘的可用空间突然变得很小。
- 文件的日期、时间、大小等属性发生变化。
- 电脑突然经常死机、重新启动，甚至突然无法启动。

03 使用金山毒霸的"网购保镖"功能

"网购保镖"是金山毒霸特有的安全功能，只要安装了金山毒霸即会自动启动该功能。用户在访问购物网站时即会激活该功能，自动记录购物操作，在进行交易时，若是因木马、钓鱼网站等原因造成财产损失，金山公司将予以赔付。同时用户也可通过单击"网购保镖"按钮，查询自己的购物记录，如右图所示。

04 启用Windows防火墙

Windows防火墙可以控制程序访问网络的权限，只有经过允许的程序才能访问网络。开启防火墙的方法如下。

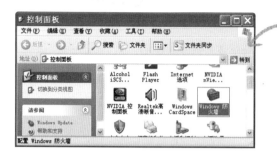

Step 01

在"控制面板"窗口中，双击"Windows防火墙"图标。

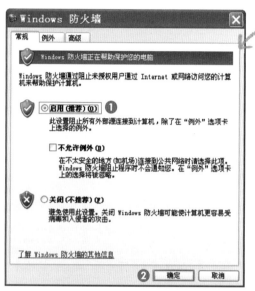

Step 02

在打开的对话框中，❶选中"启用（推荐）"单选按钮；❷单击"确定"按钮。

增长见识 电脑使用环境的日常维护

人们在使用电脑过程中，往往不注意对电脑进行维护，像八戒这样直到电脑出了故障才后悔莫及。其实，只要定期对电脑进行简单地清理与维护，就会防患于未然，避免日后的许多麻烦。通过对电脑的工作环境进行有效控制，加上对电脑定期清洁，达到让电脑长期保持较佳工作状态的目的。

- 控制温度：电脑主机本身发热量非常大，虽然主机内有散热风扇，但如果室温过高，就会影响到主机的正常运行。所以平常放置主机的房间要保持通风良好，有条件的可以安装空调，以便调节室内温度。电脑理想的工作温度应在10~35℃之间，太高或太低都会影响配件的寿命。
- 控制湿度：电子元件一般都不耐潮湿，如果湿度太高，就会影响配件的性能发挥，甚至引起一些配件短路，所以在天气较为潮湿的时候，最好每天能够使用电脑，或者让电脑通电一段时间。电脑理想的相对湿度应为30%~80%。
- 清理灰尘：电脑硬件上如果堆积过多的灰尘，时间久了就会与空气中的水分结合，腐蚀电路板，同时也容易产生静电。所以，对电脑定期进行清洁打扫也很重要。
- 防止电磁干扰：电脑存储设备的主要介质是磁性材料，如果电脑周边存在较强的磁场，不仅会造成存储设备中的数据损坏甚至丢失，还会造成显示器出现异常的抖动或偏色现象。所以电脑周围应尽量避免摆放一些产生较大电磁场的设备，以免电脑受到强磁场干扰。
- 稳定电压：电脑电源要求的交流电正常的范围应为220V±10%，频率范围是50Hz±5%，并且具有良好的接地系统。对于电压不稳的地区，有条件的用户最好使用UPS电源来保护电脑，以便在突然断电时能够让电脑继续运行并正常关机。
- 避免磕碰：在电脑工作时一旦被剧烈碰撞，显示器、硬盘、显卡等硬件设备都有可能被撞坏。所以最好将电脑固定放置在方便工作的地方，不要经常移动，特别是在电脑正在运行时。另外，很多用户都习惯在电脑桌上放置水杯，也要当心不要把液体泼洒在键盘上。

读书笔记